环洞庭湖区气候变化研究

廖玉芳　彭嘉栋　罗伯良
黄菊梅　吴贤云　杜东升　等 编著

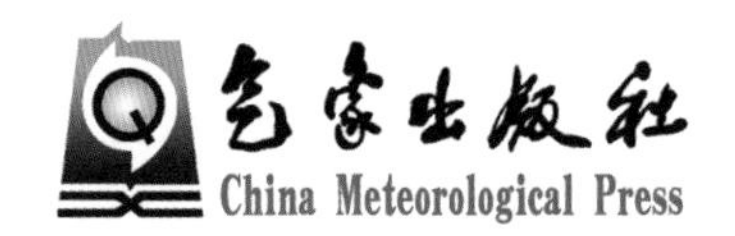

内 容 简 介

本书以数据分析结果和国内相关研究成果作支撑，揭示了环洞庭湖区气候变化事实，分析了气候变化对环洞庭湖区的影响，并结合“洞庭湖生态经济区规划”提出了应对策略。

本书图文并茂，可供相关行业和地方管理部门使用，也可供气象、气候、农业、林业、水资源、能源、旅游、人体健康等领域科研与教学人员参考。

图书在版编目(CIP)数据

环洞庭湖区气候变化研究/廖玉芳等编著．—北京：气象出版社，2013.6

ISBN 978-7-5029-5728-5

Ⅰ．①环… Ⅱ．①廖… Ⅲ．①洞庭湖-湖区-气候变化-研究 Ⅳ．①P467

中国版本图书馆 CIP 数据核字(2013)第 117253 号

出版发行：气象出版社

地　　址：北京市海淀区中关村南大街 46 号　　**邮政编码**：100081

总 编 室：010-68407112　　**发 行 部**：010-68409198

网　　址：http://www.cmp.cma.gov.cn　　**E-mail**：qxcbs@cma.gov.cn

责任编辑：陈　红　　**终　　审**：黄润恒

封面设计：博雅思企划　　**责任技编**：吴庭芳

责任校对：华　鲁

印　　刷：北京天成印务有限责任公司

开　　本：787 mm×1092 mm　1/16　　**印　　张**：9

字　　数：224 千字

版　　次：2013 年 6 月第 1 版　　**印　　次**：2013 年 6 月第 1 次印刷

定　　价：50.00 元

前　　言

气候变化问题是21世纪各国、各地可持续发展中面临的重大问题。IPCC报告指出，在人类社会各个经济领域未来气候变化的主要影响是负面的，其强度随采取的减缓和适应对策的不同而不同。

洞庭湖是我国第二大淡水湖，跨湘鄂两省，目前湖泊总面积约2625 km^2，它是长江最重要的调蓄性湖泊，担负着调蓄长江、湘、资、沅、澧四水洪峰和调节气候、降解污染等重要任务，也直接关系到洞庭湖周边乃至长江中下游地区的用水安全和生命财产安全。洞庭湖湿地是我国最大的淡水湿地，面积达61.2万 hm^2，它作为首批代表中国加入《国际湿地公约》的六大自然保护区之一，在国际上占有非常重要的地位，被誉为“拯救世界濒危珍稀鸟类的主要希望地”，已载入《世界重要湿地名录》。环洞庭湖区是我国粮食安全的重要保障基地，素有“湖广熟、天下足”和“鱼米之乡”的美誉，是我国最大的水稻种植区和重要的商品粮、棉、油、麻、渔主产、加工区。它也是我国中部的战略要区，北接武汉城市圈，南连长株潭城市群，位于长江产业带与华南经济圈、长三角、珠三角和成渝经济区的交汇中心，交通枢纽优势明显，京广铁路、武广客运专线、京珠高速公路和107国道平行穿越，长江黄金水道通江达海。因此，环洞庭湖区对于维护我国中部腹地生态平衡有着极其重要的作用。

环洞庭湖区具有自然资源的同构性、环境功能的整体性、产业结构的相似性和社会文化的同源性。湖南省委、省政府作出了加快推进环洞庭湖生态经济区建设的决策部署，充分体现了党的十八大关于推进生态文明建设和积极应对全球气候变化的战略要求，体现了保障国家粮食安全、生态安全、民生安全和水资源安全的现实要求，体现了完善区域发展战略的内在要求。

气候变化已对环洞庭湖区农业、生态、水资源、人体健康、旅游等产生不同程度的影响，有些影响还未显现或有加剧之势，因此，对环洞庭湖区开展气候变化及其应对研究极具现实意义。

《环洞庭湖区气候变化研究》共分6章，第1章相关定义，由廖玉芳编写；第2章气候资料序列构建，由彭嘉栋编写；第3章气候变化观测事实及变化趋势预估，由彭嘉栋、廖玉芳编写；第4章气候变化成因，由罗伯良、杜东升、彭莉莉等编写；第5章气候变化的影响，由黄菊梅、廖玉芳、彭嘉栋、吴贤云等编写；第6章，气候变化应对策略，由廖玉芳编写。全书由廖玉芳统稿。

本书在编写过程中得到了中国气象局科技与气候变化司、湖南省发展和改革委员会的高度重视和支持，得到了众多气候变化领域专家的指导，在此一并致谢。由于编写者水平有限，书中的不足和错误在所难免，恳请读者批评指正；另外，引用文献会有疏忽遗漏之处，敬请谅解和指教。

作者

2013年3月于长沙

目　　录

1 定义及方法

1.1 环洞庭湖区地域范围

长期以来，围绕洞庭湖所特指的地域名称繁多，如洞庭、洞庭湖、洞庭湖区、洞庭平原、纯湖区等等。1985 年 12 月湖南省国土委员会办公室和湖南省经济研究中心编《洞庭湖区整治开发综合考察研究专题报告》，湖南只有 19 个县(市)，湖北未明确范围，长沙市区、宁乡县，益阳市桃江县，湘潭市区和湘潭县，株洲市区和株洲县未包括在内，所谓纯湖区。湖南省水利水电厅 1993 年编印《湖南省洞庭湖区 1994—2000 年防洪治涝规划报告》(即“湖南省洞庭湖区近期治理二期工程规划的报告”)中，洞庭湖区指纯湖区和洞庭湖洪水顶托国水尾闾所致范围，湖南省包括长沙、湘潭、株洲、岳阳、常德、益阳 6 市所属 37 个县(区、市)和 15 个省地、市属国营农场和省属劳改农场。其中纯湖区含 18 县(区、市)和 15 个国营农场。即常德市的武陵区、鼎城区、汉寿县、安乡县、澧县、津市；岳阳市的岳阳楼区、云溪区、君山区、岳阳县、临湘市、湘阴县、华容县；益阳市的资阳区、赫山区、沅江市、南县；长沙市的望城县；原 15 个农场已改设为建制镇并相应设立西湖、西洞庭湖、大通湖和屈原 4 个县级农场管理区，南湾湖农场改湖南省军区副食品生产基地。四水尾闾区含 19 县(区、市)，即常德市桃源县、临澧县，岳阳市汨罗市，益阳市桃江县，长沙市芙蓉区、天心区、开福区、雨花区、岳麓区、长沙县、宁乡县，湘潭市雨湖区、岳塘区、湘潭县，株洲市天元区、石峰区、芦淞区、荷塘区、株洲县。湖北省包括荆州市的松滋市、石首市、公安县。洞庭湖区共计有 7 市所属 40 个县(区、市)、4 个县级农场管理区、2 个农场和 1 个生产基地。总面积(堤垸面积)为 18 780 km^2，其中湖南 15 200 km^2，占总面积的 80.9%。1996 年版《湖南省地图集》“洞庭湖区”的范围是“以洞庭湖为中心”的 11 县 7 市和 15 个农场，未包括长沙市、长沙县、宁乡县、湘潭市区、湘潭县、株洲市区、株洲县、桃江县和湖北荆南三县(市)。2001 年版则增加了“湖北省的松滋、公安、石首等县市”的说明。王克项主编《洞庭湖治理与开发》(湖南人民出版社，1998 年)其区域范围基本同此，唯缺桃江一县。

“环洞庭湖经济圈”的概念最早由湖南省人民政府参事、著名经济学家、湖南商学院教授柳思维 1996 年提出，湖南省第十次党代会报告中明确指出要加快建设洞庭湖生态经济区，2012 年 11 月 27 日《洞庭湖生态经济区规划》通过专家组评审。环洞庭湖生态经济圈包括湖南省的岳阳、常德、益阳三市，长沙市望城区以及湖北省的松滋、公安、石首等县市，总面积约 5.23 万 km^2，人口近 2000 万。

基于环洞庭湖生态经济圈定义，结合洞庭湖区已有的相关定义，确定本书所指的环洞庭湖区地域范围为：湖南省长沙、湘潭、株洲、岳阳、常德、益阳 6 市所属 37 个县(区、市)和 15 个省地、市属国营农场和省属劳改农场，湖北省荆州市的松滋市、石首市及公安县。在该区域内，对应的地面气象观测台站有：松滋、石首、公安、岳阳、临湘、湘阴、华容、汨罗、常德、汉寿、安乡、澧县、桃源、临澧、赫山区、沅江、南县、桃江、望城坡、马坡岭、宁乡县、湘潭、株洲等 23 个(图 1.1)。

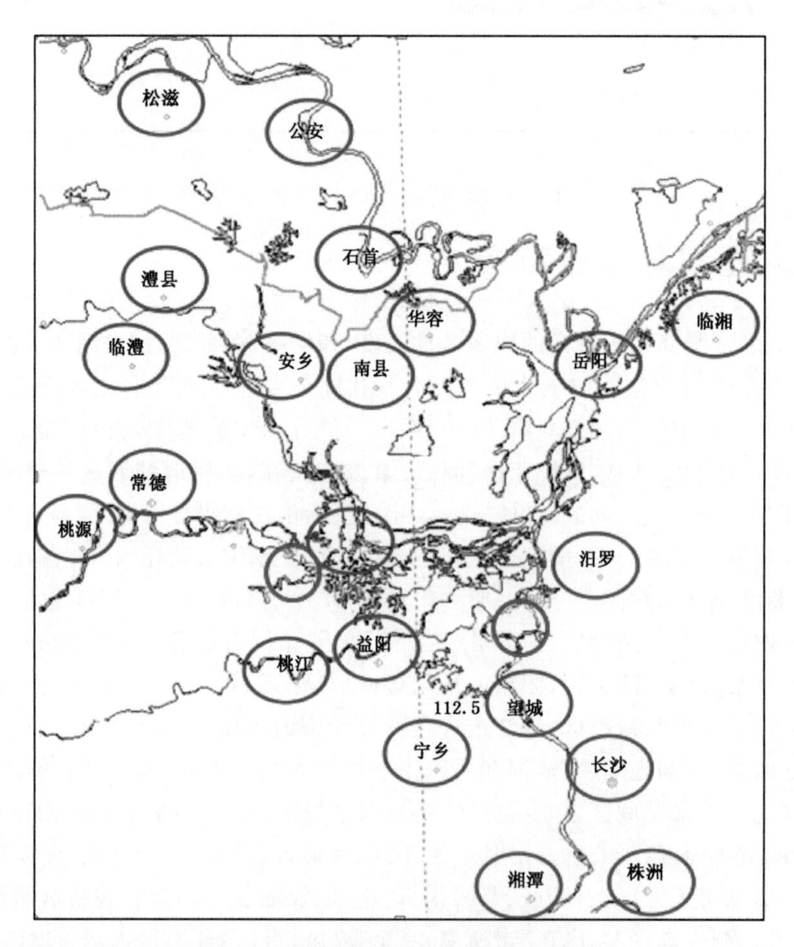

图 1.1 环洞庭湖区气象观测站分布图

1.2 气候变化相关定义

气候变化是指气候平均值和气候离差值出现了统计意义上的显著变化。本书中，变化趋势未通过 $\alpha=0.10$ 显著性检验的描述为无明显趋势变化或变化趋势不显著，对通过 0.10、0.05、0.01 显著性检验的，其变化趋势分别描述为较显著、显著、极显著。

对不同气候要素变化描述用语统一规定为：气温变化用“升高或降低”，降水、日照变化用

“增多或减少”，风速、日较差用“增大或减小”等。

为与 IPCC4 评估报告中的气温、降水检测标准相对应，选定 1961—1990 年气象要素平均值作为本书的气候基准值。

气候变化观测事实分析过程中，受观测要素、观测起始时间的影响，采用的时间尺度依据资料的时间完整性和空间完整性而定。

1.3　气候变化检测方法

1.3.1　线性回归

线性回归是研究气候变化的最常用方法，它可以估计气候变化的趋势。在一元线性回归分析中用 x_i 表示样本量为 n 的某一气候变量，t_i 表示对应的时间，x_i 与 t_i 之间的一元线性回归模型为：

$$x_i = a_0 + a_1 t_i \qquad (t = 1,2,\cdots,n) \tag{1.1}$$

式中，a_0 为回归常数，a_1 为回归系数，它们可用最小二乘法进行估计：

$$a_0 = \bar{x} - a_1 \bar{t} \tag{1.2}$$

$$a_1 = \frac{\sum_{i=1}^{n} x_i t_i - \frac{1}{n}\left(\sum_{i=1}^{n} x_i\right)\left(\sum_{i=1}^{n} t_i\right)}{\sum_{i=1}^{n} t_i^2 - \frac{1}{n}\left(\sum_{i=1}^{n} t_i\right)^2} \tag{1.3}$$

其中

$$\bar{x} = \frac{1}{n}\sum_{i=1}^{n} x_i \qquad \bar{t} = \frac{1}{n}\sum_{i=1}^{n} t_i \tag{1.4}$$

时间 t_i 与变量 x_i 之间的相关系数为 r 。计算公式为：

$$r = \sqrt{\frac{\sum_{i=1}^{n} t_i^2 - \frac{1}{n}\left(\sum_{i=1}^{n} t_i\right)^2}{\sum_{i=1}^{n} x_i^2 - \frac{1}{n}\left(\sum_{i=1}^{n} x_i\right)^2}} \tag{1.5}$$

取 $b = a_1 \times 10$ 作为气候要素倾向率。当 $b > 0$ 时，说明气候变量随时间 t 呈上升的趋势，$b < 0$ 时说明气候变量随时间 t 呈下降的趋势。相关系数 r 的取值在 $-1.0 \sim +1.0$ 之间。当 $r > 0$ 时，表明两变量呈正相关，越接近 1.0，正相关越显著；当 $r < 0$ 时，表明两变量呈负相关，越接近 -1.0，负相关越显著；当 $r = 0$ 时，则表示两变量相互独立。

1.3.2　突变分析

曼-肯德尔法(Mann-Kendall Analysis)是一种非参数检验方法，其优点是不需要样本遵循一定的分布，也不受少数异常值的干扰。对于具有 n 个样本量的时间序列 x ，构造一秩序列：

$$S_k = \sum_{i=1}^{k} r_i \qquad (k = 1,2,\cdots,n) \tag{1.6}$$

秩序列是第 i 时刻数值大于 j 时刻数值个数的累计数。

在时间序列随机独立的假定下，定义统计量：

$$UF_k = \frac{S_k - E(S_k)}{\sqrt{\mathrm{var}(S_k)}} \qquad (k = 1,2,\cdots,n) \tag{1.7}$$

其中

$$E(S_k) = k(k+1)/4 \tag{1.8}$$

$$\mathrm{var}(S_k) = k(k-1)(2k+5)/72 \tag{1.9}$$

这里 UF_i 是标准正态分布，它是按时间序列 x 顺序 $x_1, x_2, \cdots, x_n$，计算出的统计量序列，给定显著性水平 α，查正态分布表，若 $|UF_i| > U_\alpha$，则表明序列存在明显的趋势变化。

按时间序列 x 逆序 $x_n, x_{n-1}, \cdots, x_1$，重复上述过程，同时使 $UB_k = -UF_k$，$k = n, n-1, \cdots, 1$，$UB_1 = 0$。给定显著性水平：$\alpha = 0.05$，临界线为 ± 1.96（两条虚线）。若 UF 或 UB 值大于 0，则表明序列呈上升的趋势，小于 0 则表明呈下降趋势。当统计曲线超过临界线时，表明上升或下降趋势显著。如果统计曲线在临界线之间出现交点，则交点对应的时刻就是突变开始的时间。

1.3.3 周期分析

小波分析（Wavelet Analysis）具有以下优点：它在时域和频域同时具有良好的局部性质；它能将信号或图像等分解成交织在一起的多尺度成分，并对各种不同尺度成分采用相应粗细的时域或空域取同样步长，从而能够不断地聚焦到所研究对象的任意微小细节；具有数学意义上的严格的突变点诊断能力。另外，小波变换一方面给出气候序列变化的尺度，另一方面显示变化的时间位置，后者则对气候预测有着重要意义。

在数理上 Mexh 小波和 Morlet 小波的系数零点均对应于卷积函数的拐点，其位置正好能够反映气候突变点位置所在，这样上述两种小波就能检测出多时间尺度上的气候突变点。本书采用气候研究中常用的 Morlet 小波分析气温、降水的周期性，具体算法见相关文献（魏凤英，2007）。

2 气候资料序列构建

2.1 资料收集与整理

2.1.1 1909—1950 年气象观测资料

我国大规模气象观测台站建设始于 1951 年。1951 年之前环洞庭湖区仅长沙、岳阳、常德有气温、降水观测资料，其中长沙、岳阳气温、降水观测资料始于 1909 年，常德始于 1932 年。由于战事等原因，长沙、岳阳、常德的气温、降水观测资料缺测均较多，为此，收集整理了洞庭湖区周边沅陵、芷江、郴州、邵阳、衡阳、汉口的气温、降水观测资料作为环洞庭湖区缺测资料插补的参考资料。表 2.1 和表 2.2 分别给出了长沙、岳阳、汉口、常德、沅陵、芷江、邵阳、衡阳、郴州 1909—1950 年有气温、降水观测记录的时间表。

表 2.1　长沙、岳阳、汉口、常德、沅陵、芷江、邵阳、衡阳、郴州气温资料记录时间表(月)

年	长沙	岳阳	汉口	常德	沅陵	芷江	邵阳	衡阳	郴州
1909	5-12	12	1-12						
1910	1-3、10-12	1-12	1-12						
1911	1-12	1-12	1-12						
1912	1-12	1-12	1-12						
1913	1-12	1-12	1-12						
1914	1-12	1-12	1-12						
1915	1-12	1-12	1-12						
1916	1-12	1-12	1-12						
1917	1-12	1-12	1-12						
1918	1-12	1-12	1-12						
1919	1-12	1-12	1-12						
1920	1-12	1-2	1-12						
1921	1-12	8-11	1-12						

续表

年	长沙	岳阳	汉口	常德	沅陵	芷江	邵阳	衡阳	郴州
1922	1-12	6-12	1-12						
1923	2-12	1-12	1-12						
1924	1-9、11-12	1-12	1-12						
1925	1-12	1-12	1-12						
1926	1-12	1-12	1-12						
1927	1-12	1-12	1-3、5-12						
1928	1-12	1-12	1-12						
1929	1-12	1-12	1-12						
1930	1-12	1-12	1-12						
1931	1-12	1-12	1-12						
1932	1-12	1-12	1-12	8-12					
1933	1-12	1-12	1-12	1-12				1-12	
1934	1-12	1-12	1-12	1-11				1-12	
1935	1-12	1-12	1-12	1-12				1-12	
1936	1-12	1-12	1-12	1-12			9-12	1-12	12
1937	1-12	1-12		1-12		1-12	1-12	1-12	1-12
1938	1-10	1-4		1-10		1-2、6-12	1-12	1-12	1-12
1939	4-8、11-12		1-12			1-12	1-12		1-12
1940	1-12		1-12			1-12	1-12	1-12	1-12
1941	1-9、11					1-12	1-12	1-9、12	1-10、12
1942	4-12				7-12	1-12	1-12	1-12	1-12
1943	1-12				1-12	1-12	1-12	1-12	1-12
1944	1-4				1-12	1-12	1-5		1-5
1945					1-12	1-12			
1946	4-12			4-12	1-12	1-12		7-12	8-12
1947	1、3-12		1-12	1-12	1-12	1-12		1-12	1-12
1948	1-12		1-12	1-12	1-12	1-12			1-12
1949	1-4、9-12		1-12	1-5	1	1-9			1-6
1950	1-12		1-12	1-12		6-12		1-12	

表 2.2 长沙、岳阳、汉口、常德、沅陵、芷江、邵阳、衡阳、郴州降水资料记录时间表(月)

年	长沙	岳阳	汉口	常德	沅陵	芷江	邵阳	衡阳	郴州
1909	6-12	12	1-12						
1910	1-12	1-12	1-12						
1911	1-12	1-12	1-12						
1912	1-12	1-12	1-12						

续表

年	长沙	岳阳	汉口	常德	沅陵	芷江	邵阳	衡阳	郴州
1913	1-12	1-12	1-12						
1914	1-12	1-12	1-12						
1915	1-12	1-12	1-12						
1916	1-12	1-12	1-12						
1917	1-12	1-12	1-12						
1918	2-12	2-12	1-12						
1919	1-12	1-12	1-12						
1920	1-12	1-12	1-12						
1921	1-12	1-6、8-12	1-12						
1922	1-12	1、5-12	1-12						
1923	1-12	1-12	1-12						
1924	1-12	1-12	1-12						
1925	1-12	1-12	1-12						
1926	1-12	1-12	1-12						
1927	1-12	1-12	1-12						
1928	1-12	1-8、10-12	1-12						
1929	1-12	1-12	1-12						
1930	1-12	1-12	1-12						
1931	1-12	1-9、11-12	1-12						
1932	1-12	1-12	1-12	8-12					
1933	1-12	1-12	1-12	1-12				1-12	
1934	1-12	1-6、8-12	1-12	1-11				1-12	
1935	1-12	1-12	1-12	1-12				1-12	
1936	1-12	1-12	1-12	1-12			9-12	1-12	12
1937	1-12	1-12	1-12	1-12		1-12	1-12	1-12	1-12
1938	1-10	1-4	1-4	1-10		6-12	1-12	1-12	1-12
1939	4-12					1-12	1-12		1-12
1940	1-12					1-12	1-12	1-12	1-12
1941						1-12	1-12	1-9、12	1-12
1942					7-12	1-12	1-12	1-12	1-12
1943					1-12	1-12	1-12	1-12	1-10、12
1944					1-12	1-12	1-5		1-5
1945					1-12	1-12			
1946	4-12			4-12	1-12	1-12		7-12	1-7
1947	1-12		1-12	1-12	1-12	1-12		1-12	1-6、8-12
1948	1-12		1-12	1-12	1-12	1-12			1-12
1949	1-4、10-12		1-12	1-5	1	1-9			1-7
1950	1-12		1-12	1-6、8-12		6-12		1-12	

将长沙、岳阳、汉口、常德、沅陵、芷江、邵阳、衡阳、郴州有气象观测记录的日资料信息化，在进行校核和奇异值检查基础上，将华氏温度转换为摄氏温度，将以英寸为单位的降水量转换为以 mm 为单位的降水量；然后按照地面气象观测规范统计月、季、年值(当某月某气象要素观测缺测≥7 d 时，则该月该气象要素月值视为缺测)。

由于 1951 年前观测时制与时次(1 天 3 次、4 次、6 次、8 次、24 次观测不等)的不统一，造成日平均值统计方法不一致。为避免由于日平均值计算带来的资料序列非均一性，采用最高、最低气温平均值替代原平均气温。

2.1.2 1951—2010 年气象观测资料

表 2.3 给出了环洞庭湖区 23 个地面气象观测站有连续气象观测资料的起始时间。日平均气温的统计方法同 2.1.1 节。

表 2.3 环洞庭湖区 23 个地面气象观测站有连续观测资料的起始时间

名称	有连续观测资料起始时间	名称	有连续观测资料起始时间
松滋	1957 年 12 月	汉寿	1959 年 7 月
公安	1957 年 3 月	桃江	1956 年 1 月
澧县	1958 年 1 月	沅江	1955 年 1 月
临澧	1959 年 4 月	湘阴	1957 年 11 月
石首	1959 年 10 月	益阳	1959 年 4 月
南县	1959 年 1 月	宁乡	1958 年 12 月
华容	1959 年 7 月	马坡岭	1951 年 1 月
安乡	1959 年 4 月	汨罗	1967 年 1 月
岳阳	1952 年 7 月	望城坡	1970 年 1 月
临湘	1959 年 1 月	湘潭	1956 年 9 月
桃源	1959 年 3 月	株洲	1954 年 5 月
常德	1951 年 1 月		

2.2 气象观测资料的均一化处理

2.2.1 均一化检验与订正方法

(1)二相回归方法

①建立参考序列

降水量序列：$S_i = \dfrac{\sum_{k=1}^{4} \rho_k^2 X_{ki} \overline{Y} / \overline{X}_k}{\sum_{k=1}^{4} \rho_k^2}$

气温序列：$S_i = \dfrac{\sum_{k=1}^{4} \rho_k^2 (X_{ki} - \overline{X}_k + \overline{Y})}{\sum_{k=1}^{4} \rho_k^2}$

$\{Y_i\}_{i=1,\cdots n}$ 是被检验站气候序列；$\{X_{ki}\}_{i=1,\cdots n}$ 是第 k 个邻近站气候序列；n 是时间序列长度；$\overline{X}_k$ 是第 k 个测站平均值；ρ_k 是被检验站与第 k 个邻近站的相关系数，以被检验站与其他测站的相关系数最高的 4 个站为标准选择邻近站。

②对待检序列和参考序列的比率或差值序列进行 U 变换，使其成为标准化序列

降水量：$Q_i = Y_i / S_i$

气温：$Q_i = Y_i - S_i$

对 Q_i 进行 U 变换：$Z_i = \dfrac{Q_i - \overline{Q}}{\sigma_Q}$

σ_Q 为 Q_i 的标准差

③假设序列 Z_i 的长期趋势、均值有转折性变化，可以建立如下趋势拟合模式

$Z_i = a_0 + b_0 i + e_i \qquad i = 1,2,\cdots a$

$Z_i = a_1 + b_1 i + e_i \qquad i = a+1,\cdots,n$

式中，a 为序列转折点，e_i 为随机误差。

原假设 H_0 ：序列无不连续点。备选假设 H_1 ：序列存在不连续点，即 $b_0 = b_1$，构造似然比统计量：

$$U = [(Q_0 - Q)/3]/[Q/(n-4)]$$

式中，Q_0，Q 分别为 H_0，H_1 成立时的残差平方和，可以证明，在 H_0 成立时，U 统计量的渐近分布为 F 分布，其自由度分别为 3 和 $n-4$。根据假设检验，若实测样本在给定的置信水平 $1-a$ 上满足：

$$U \geqslant F_{3,n-4}(1-a)$$

则拒绝原假设，否则接受原假设。

④通过台站历史沿革数据对不连续点进行确认

由于二相回归模式是一个冗余的模式，因此，对于该模式检验得到的可能不连续点还需要经过进一步判断和确认。这里我们通过查阅台站历史沿革数据对二相回归方法检验得到的可能不连续点进行确认，得出不连续点的位置。

(2)对检测出的非均一性序列进行订正

对于检测出的不均一断点，比值的两个均值由下式计算：

$$\bar{q}_1 = \sigma_Q \overline{Z}_1 + \overline{Q}$$

$$\bar{q}_2 = \sigma_Q \overline{Z}_2 + \overline{Q}$$

对于降水，则 1～n 年的订正量即为 $\bar{q}_2/\bar{q}_1$，又称为订正系数。

对于气温，则 1～n 年的订正系数为 $\bar{q}_2 - \bar{q}_1$

对于降水 $P_i = Y_i(\bar{q}_2/\bar{q}_1) \qquad i = 1,\cdots,n$

对于气温 $P_i = Y_i + (\bar{q}_2 - \bar{q}_1) \qquad i = 1,\cdots,n$

式中，σ_Q 为序列 Q 的标准差，$\overline{Q}$ 为序列的平均值，Y_i 为订正前的序列，P_i 为订正后的序列，在应用了上述订正系数后，序列就可以认为是均一的。对于月值的订正，则根据各月逐年待检序列和参考序列的差值的线性关系将该补偿值应用到各月序列中，得出逐月订正值。

2.2.2　气象观测资料的均一化

地面气象观测站因迁站、观测环境改变及仪器更换，其观测资料均会产生系统性偏差，进

而影响到气候变化相关研究结果，因此，需进行均一化处理。

(1)均一化检验

通过二相回归方法对环洞庭湖区23个气象观测站的观测资料序列进行均一性检验，结果显示年平均最高气温序列有18站存在不连续现象，不连续点为26个；年平均最低气温序列有21个站存在不连续现象，不连续点为34个。

采用二相回归方法及序列图确立月资料逐年序列的可能非均一性点，并与年序列非均一性点进行比较，得出共同非均一点。根据各观测站历史沿革数据对月、年的共同非均一点进行排查，同时，对有过迁址的站通过待检序列与参考序列的差值图进行人工进一步判别以确立产生非均一性的可能，再通过滑动 t 检验给予确认，得出最终不连续点的位置。

最终确认10个站年平均最高气温序列存在非均一现象，非均一点12个；6个站年平均最低气温序列存在非均一现象，非均一点9个；1个站年降水量序列存在非均一现象，非均一点1个。各观测站观测资料非均一点时间及台站迁址时间分别见表2.4至表2.6。

表2.4 环洞庭湖区各站年平均最高气温序列均一性检验的断点

名称	均一性检验断点	
岳阳	1937	
澧县	1962	1974
常德	1953	
汉寿	1971	1980
桃江	1980	
沅江	1968	
益阳	1961	
长沙马坡岭(简称长沙)	1950	1963
长沙望城坡	1974	
湘潭	1982	
株洲	1975	

表2.5 环洞庭湖区各站年平均最低气温序列均一性检验的断点

名称	均一性检验断点		
汉寿	1963	1971	1980
桃江	1967	1980	
沅江	1968		
长沙	1932	1950	1963
湘潭	1982		
株洲	1975		

表2.6 环洞庭湖区各站年降水量序列均一性检验的断点

名称	均一性检验断点
长沙望城坡	1974

(2)均一化订正

对于检测出的非均一性序列，降水采用均值比进行订正，气温采用均值差进行订正。下面给出的是具有代表性的订正事例。

①湘潭7月平均最低气温序列

湘潭站1983年1月1日迁址，迁站前7月平均最低气温年序列与参考序列差值在0.2℃左右振荡，迁站之后变为在−0.2℃左右振荡(图2.1)，说明迁站导致该站7月的平均最低气温年序列存在非均一性。通过对该站1982年之前的原始序列值进行订正(减去0.4℃)，则得到图2.2所示的均一序列。

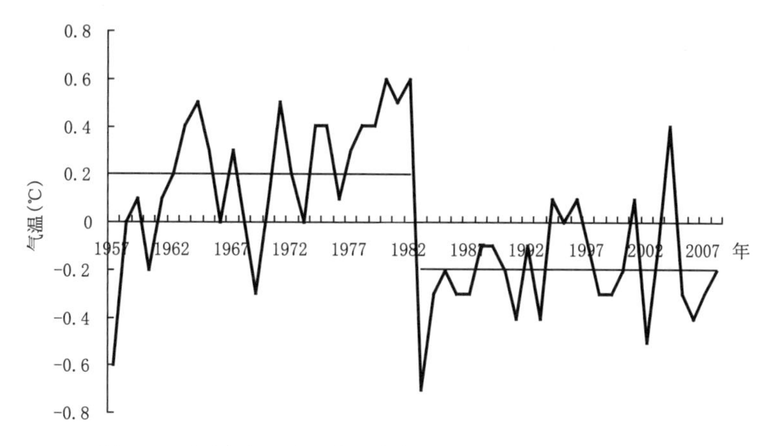

图 2.1　湘潭站 7 月平均最低气温与参考序列的差值序列
（直线为差值序列非均一性断点前后均值）

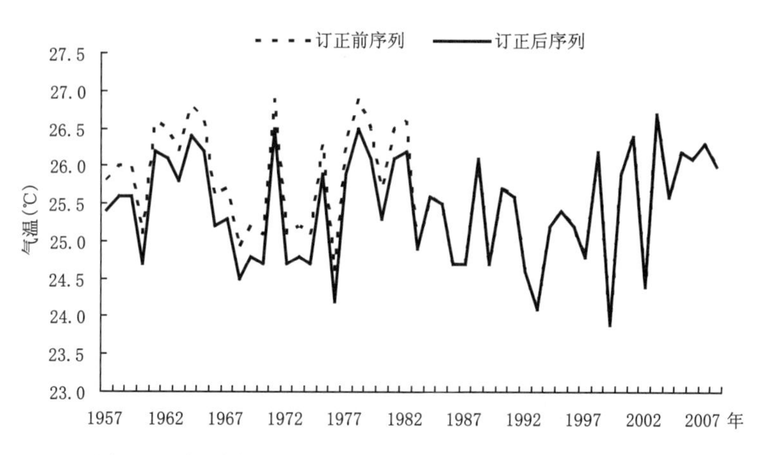

图 2.2　湘潭站 7 月平均最低气温逐年序列订正前后比较

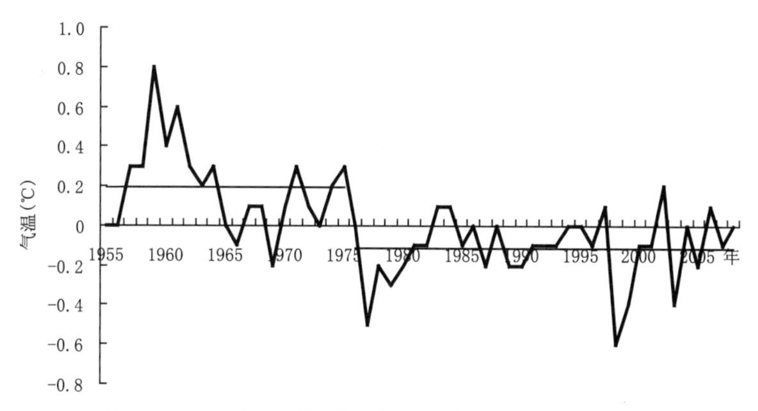

图 2.3　株洲站年平均最高气温与参考序列的差值序列
（直线为差值序列非均一性断点前后均值）

②株洲年平均最高气温序列

株洲站 1976 年 1 月 1 日迁址，迁站前，年平均最高气温序列与参考序列的差值在 0.2℃左右振荡，迁站之后变为在－0.1℃左右振荡（图 2.3），说明迁站导致该站年平均最高气温序列出现非均一性。对该站 1975 年之前的年平均最高气温序列进行订正(减去 0.3℃),得到图 2.4 所示的均一序列。

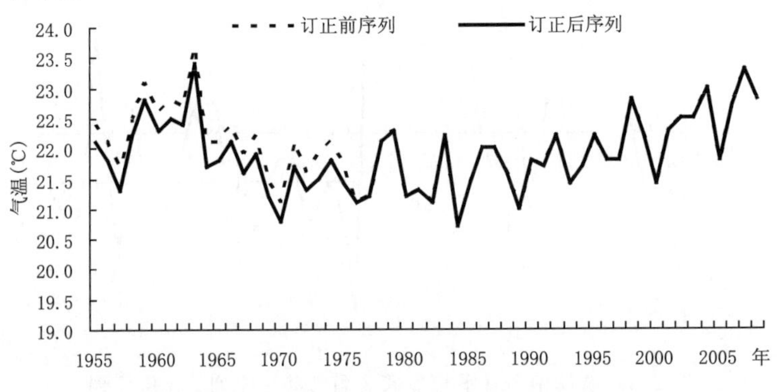

图 2.4　株洲站年平均最高气温序列订正前后比较

③桃江站 5 月平均气温序列

桃江站 1981 年 1 月 1 日迁址,迁址前 5 月平均气温逐年序列与参考序列的差值在 0.15℃左右振荡,迁站之后变为在−0.12℃左右振荡(图 2.5),说明迁站导致该站 5 月平均气温序列出现了非均一性。将该站 1980 年之前的原始序列值加以订正(减去 0.3℃),则得到图 2.6 所示的均一序列。

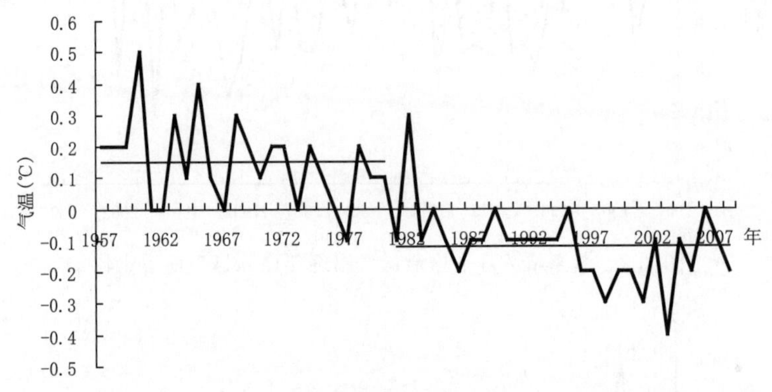

图 2.5　桃江站 5 月平均气温与其参考序列的差值序列

(直线为差值序列非均一性断点前后均值)

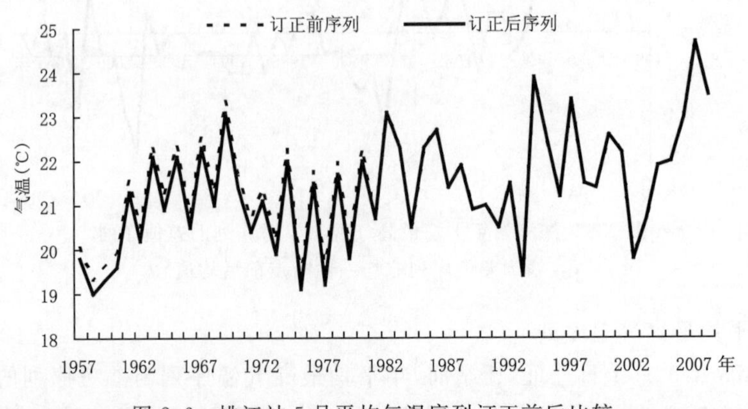

图 2.6　桃江站 5 月平均气温序列订正前后比较

④长沙望城坡站年降水量序列

长沙望城坡站 1975 年 7 月 1 日迁址，迁址前年降水量序列与参考序列的比值在 1.1 左右振荡，迁站之后变为在 1.0 左右振荡(图 2.7)，说明迁站导致该站年降水量序列出现非均一性。将该站 1974 年之前的序列值加以订正(乘以 0.90)，则得到了图 2.8 所示的均一序列。

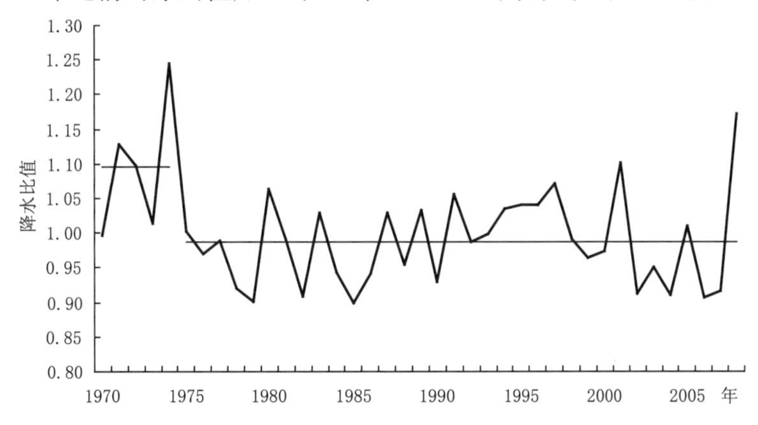

图 2.7　长沙望城坡站年降水量序列与参考序列的比值序列
(直线为比值序列非均一性断点前后均值)

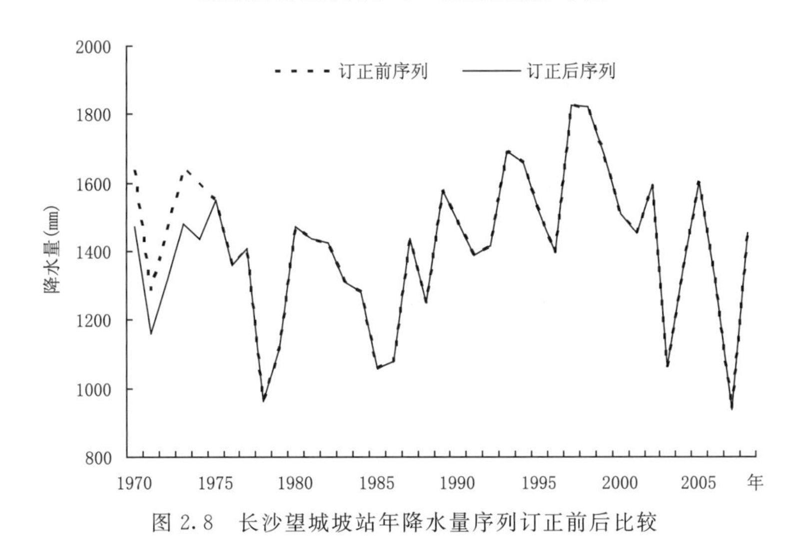

图 2.8　长沙望城坡站年降水量序列订正前后比较

2.3　资料插补

2.3.1　插补方法

长沙、岳阳、常德 1951 年前气温、降水观测资料均不连续，影响到长序列气候资料的构建，通过以下方法对缺测资料进行插补：基于汉口、沅陵、芷江、邵阳、郴州、衡阳、长沙、岳阳、常德均一化后的月平均最高、最低气温资料和月降水量资料，分别计算长沙、岳阳、常德 3 站各月平均最高气温、平均最低气温和月降水量年序列和周围站点同月同类要素逐年序列的相关系数，然后将相关系数最大的站作为参考站，建立参考站和目标站的一元线性回归方程，利用参考站的气温或降水资料将目标站缺测的气温或降水资料进行逐月补齐；如果某时段目标站的气温或降水资料缺测且其参考站的气温或降水资料也缺测，则将与目标站气温或降水资料序列相关系数第二大的站点作为参考站，建立一元线性回归方程进行插补，以此类推，直到将目标站缺测气温或降水资料全部补齐。由于1980年之后气温显著变暖，且城市化进程不同又造成各地气温、降水变化上的差异，因而只采用1909—1980年的资料建立方程和进行插补。

2.3.2 气温资料的插补

表2.7至表2.9分别给出了岳阳、常德、长沙3站与其他各站平均最高气温的相关系数。3站与其他各站平均最高气温的最大相关系数为0.988，最低相关系数0.290。其中相关系数≥0.9的占总数的56.9%，在0.8～0.9之间的占26.0%，小于0.7的仅占5.2%。岳阳站与常德、沅陵、汉口3站相关最好，常德站与岳阳、沅陵、汉口3站相关最好，长沙站与邵阳、岳阳、沅陵3站的相关最好。

表2.10至表2.12分别给出了岳阳、常德、长沙3站与其他各站平均最低气温的相关系数。可知，3站与其他各站平均最低气温的最大相关系数为0.977，最低相关系数0.084。其中相关系数≥0.9的占总数的36.8%，在0.8～0.9之间的占37.5%，小于0.7的仅占12.5%。岳阳站与常德、汉口、长沙3站相关最好，常德站与岳阳、沅陵、邵阳3站相关最好，长沙站与邵阳、岳阳、常德3站的相关最好。

从表2.7至表2.12还可看出，冬季所在月份的气温相关程度最高，夏季所在月份的气温相关程度最低；且最高气温的相关性比最低气温好。

表2.7 岳阳站与其他各站最高气温逐月相关系数

站名	1	2	3	4	5	6	7	8	9	10	11	12
沅陵	0.937	0.967	0.954	0.932	0.955	0.936	0.896	0.877	0.898	0.921	0.964	0.966
常德	0.975	0.977	0.954	0.947	0.943	0.921	0.946	0.926	0.919	0.970	0.972	0.988
长沙	0.958	0.973	0.963	0.934	0.941	0.843	0.854	0.835	0.850	0.899	0.946	0.965
芷江	0.832	0.921	0.927	0.881	0.760	0.813	0.832	0.809	0.847	0.873	0.932	0.952
汉口	0.974	0.977	0.949	0.914	0.912	0.853	0.931	0.859	0.925	0.939	0.934	0.967
邵阳	0.918	0.954	0.944	0.924	0.891	0.794	0.825	0.826	0.831	0.899	0.938	0.963
衡阳	0.919	0.951	0.933	0.931	0.895	0.728	0.724	0.730	0.788	0.924	0.951	0.968
郴州	0.810	0.889	0.818	0.815	0.734	0.603	0.541	0.575	0.754	0.774	0.890	0.930

表2.8 常德站与其他各站最高气温逐月相关系数

站名	1	2	3	4	5	6	7	8	9	10	11	12
沅陵	0.955	0.973	0.958	0.954	0.923	0.947	0.905	0.922	0.946	0.956	0.977	0.974
岳阳	0.975	0.977	0.954	0.947	0.943	0.921	0.946	0.926	0.919	0.970	0.972	0.988
长沙	0.914	0.963	0.917	0.942	0.866	0.764	0.810	0.846	0.879	0.917	0.935	0.966
芷江	0.811	0.911	0.881	0.903	0.652	0.777	0.675	0.836	0.899	0.843	0.947	0.946
汉口	0.941	0.948	0.932	0.916	0.912	0.853	0.909	0.844	0.929	0.956	0.954	0.974
邵阳	0.884	0.955	0.924	0.918	0.832	0.690	0.769	0.851	0.810	0.878	0.927	0.961
衡阳	0.852	0.944	0.903	0.913	0.772	0.537	0.648	0.771	0.721	0.879	0.918	0.956
郴州	0.770	0.878	0.767	0.718	0.606	0.290	0.472	0.562	0.767	0.731	0.838	0.910

表 2.9 长沙站与其他各站最高气温逐月相关系数

站名	1	2	3	4	5	6	7	8	9	10	11	12
沅陵	0.949	0.962	0.947	0.953	0.944	0.907	0.783	0.787	0.869	0.900	0.964	0.957
岳阳	0.958	0.973	0.963	0.934	0.941	0.843	0.854	0.835	0.850	0.899	0.946	0.965
常德	0.914	0.963	0.917	0.942	0.866	0.764	0.810	0.846	0.879	0.917	0.935	0.966
芷江	0.868	0.933	0.889	0.955	0.820	0.718	0.634	0.749	0.877	0.834	0.917	0.949
汉口	0.927	0.942	0.905	0.833	0.826	0.686	0.773	0.723	0.836	0.875	0.919	0.949
邵阳	0.951	0.977	0.959	0.965	0.946	0.852	0.931	0.871	0.907	0.931	0.962	0.976
衡阳	0.937	0.967	0.951	0.953	0.918	0.777	0.832	0.836	0.849	0.948	0.956	0.982
郴州	0.871	0.900	0.795	0.810	0.731	0.581	0.702	0.736	0.777	0.755	0.863	0.943

表 2.10 岳阳站与其他各站最低气温逐月相关系数

站名	1	2	3	4	5	6	7	8	9	10	11	12
沅陵	0.918	0.945	0.861	0.880	0.929	0.851	0.699	0.751	0.854	0.779	0.842	0.934
常德	0.960	0.962	0.941	0.919	0.913	0.803	0.845	0.861	0.929	0.930	0.948	0.959
长沙	0.918	0.967	0.943	0.930	0.904	0.821	0.843	0.599	0.878	0.825	0.884	0.959
芷江	0.865	0.909	0.824	0.796	0.915	0.747	0.531	0.657	0.792	0.751	0.782	0.931
汉口	0.903	0.915	0.911	0.922	0.882	0.814	0.913	0.829	0.893	0.832	0.853	0.910
邵阳	0.903	0.952	0.893	0.905	0.906	0.752	0.726	0.792	0.874	0.854	0.896	0.944
衡阳	0.932	0.976	0.932	0.646	0.836	0.674	0.619	0.734	0.869	0.935	0.933	0.961
郴州	0.802	0.922	0.802	0.842	0.829	0.446	0.084	0.424	0.759	0.733	0.761	0.838

表 2.11 常德站与其他各站最低气温逐月相关系数

站名	1	2	3	4	5	6	7	8	9	10	11	12
沅陵	0.940	0.970	0.928	0.930	0.914	0.856	0.719	0.730	0.859	0.860	0.925	0.959
岳阳	0.960	0.962	0.941	0.919	0.913	0.803	0.845	0.861	0.929	0.930	0.948	0.959
长沙	0.889	0.964	0.927	0.861	0.882	0.799	0.782	0.758	0.879	0.834	0.924	0.951
芷江	0.886	0.948	0.899	0.862	0.849	0.677	0.459	0.535	0.713	0.840	0.860	0.937
汉口	0.894	0.902	0.889	0.857	0.859	0.670	0.862	0.841	0.831	0.832	0.865	0.909
邵阳	0.940	0.977	0.960	0.966	0.887	0.692	0.734	0.777	0.797	0.896	0.944	0.958
衡阳	0.956	0.975	0.940	0.583	0.841	0.682	0.517	0.656	0.791	0.921	0.931	0.949
郴州	0.831	0.936	0.878	0.857	0.796	0.261	0.207	0.373	0.689	0.820	0.813	0.886

表 2.12 长沙站与其他各站最低气温逐月相关系数

站名	1	2	3	4	5	6	7	8	9	10	11	12
沅陵	0.896	0.936	0.887	0.878	0.874	0.827	0.630	0.697	0.857	0.814	0.876	0.924
岳阳	0.918	0.967	0.943	0.930	0.904	0.821	0.843	0.599	0.878	0.825	0.884	0.959
常德	0.889	0.964	0.927	0.861	0.882	0.799	0.782	0.758	0.879	0.834	0.924	0.951
芷江	0.897	0.902	0.882	0.801	0.809	0.738	0.466	0.506	0.745	0.817	0.799	0.855
汉口	0.885	0.912	0.909	0.935	0.932	0.771	0.847	0.521	0.861	0.818	0.854	0.905
邵阳	0.962	0.951	0.883	0.926	0.920	0.844	0.809	0.695	0.846	0.849	0.910	0.914
衡阳	0.943	0.971	0.947	0.591	0.877	0.797	0.747	0.714	0.841	0.843	0.882	0.923
郴州	0.874	0.909	0.777	0.878	0.637	0.117	0.195	0.277	0.697	0.739	0.842	0.799

依据 2.3.1 节分别对岳阳、常德、长沙月平均最高气温、最低气温缺测资料进行插补，并对其进行相关系数、均方误和 t、F 检验，检验结果如下：

相关系数检验：所有一元回归方程均以月值订正为基础，除长沙 1910 年 8 月最低气温外，且均通过了信度为 99.9%的相关性检验，长沙 1910 年 8 月最低气温的插补也通过信度 95%的相关性检验。季、年气温值均由插补的月值平均求得。

均方误：
$$\sigma = \sqrt{\frac{1}{n}\sum_{1}^{n}(Y_i - S_i)^2}$$

式中，Y_i 为实况值，S_i 为模拟值。

从表 2.13 至表 2.16 可以看出，无论是最高气温还是最低气温，各月均方误均较大，但根据相应月份计算后得到的季值均方误要小于月值，而年值的均方误最小。

表 2.13 月最高气温模拟序列与实况序列的均方误(℃)

	1	2	3	4	5	6	7	8	9	10	11	12
岳阳	0.48	0.58	0.49	0.54	0.49	0.53	0.48	0.63	0.52	0.49	0.46	0.46
常德	0.49	0.57	0.53	0.56	0.53	0.62	0.55	0.62	0.55	0.48	0.45	0.37
长沙	0.58	0.67	0.63	0.69	0.66	0.63	0.69	0.90	0.76	0.65	0.48	0.50

表 2.14 各季及年最高气温模拟序列与实况序列的均方误 (℃)

	冬	春	夏	秋	年
岳阳	0.38	0.35	0.44	0.32	0.25
常德	0.39	0.42	0.46	0.32	0.27
长沙	0.46	0.44	0.51	0.58	0.37

表 2.15 月最低气温模拟序列与实况序列的均方误(℃)

	1	2	3	4	5	6	7	8	9	10	11	12
岳阳	0.52	0.43	0.46	0.43	0.37	0.47	0.49	0.48	0.45	0.47	0.51	0.45
常德	0.41	0.42	0.40	0.44	0.35	0.46	0.38	0.39	0.41	0.42	0.39	0.43
长沙	0.50	0.54	0.49	0.43	0.39	0.47	0.45	0.72	0.54	0.64	0.64	0.63

表 2.16 各季及年最低气温模拟序列与实况序列的均方误(℃)

	冬	春	夏	秋	年
岳阳	0.26	0.32	0.35	0.36	0.25
常德	0.31	0.30	0.31	0.34	0.23
长沙	0.37	0.29	0.44	0.48	0.28

t 检验　取岳阳、常德、长沙 3 站 1951—1980 年的气温实况值与模拟值进行 t 检验，即自由度 $\upsilon=30+30-2=58$，取 $\alpha=0.05$，即 $t_\alpha=2.00$。检验结果表明，无论是最高气温还是最低气温，其各月、各季及年的模拟值与实际观测值的均值差异均不显著(表 2.17 至表 2.20)。

表 2.17 月最高气温模拟序列与实况序列的 t 检验统计值

	1	2	3	4	5	6	7	8	9	10	11	12
岳阳	0.11	0.01	0.01	0.03	0.02	0.01	0.04	0.32	0.14	0.11	0.12	0.03
常德	0.19	0.04	0.05	0.05	0.05	0.01	0.15	0.18	0.07	0.18	0.07	0.02
长沙	0.16	0.03	0.05	0.02	0.13	0.02	0.06	0.12	0.04	0.11	0.07	0.11

表 2.18 各季及年最高气温模拟序列与实况序列的 t 检验统计值

	冬	春	夏	秋	年
岳阳	0.08	0.02	0.19	0.04	0.13
常德	0.06	0.09	0.18	0.12	0.03
长沙	0.05	0.08	0.16	0.04	0.07

表 2.19 月最低气温模拟序列与实况序列的 t 检验统计值

	1	2	3	4	5	6	7	8	9	10	11	12
岳阳	0.07	0.12	0.08	0.01	0.00	0.02	0.24	0.10	0.04	0.12	0.21	0.00
常德	0.02	0.01	0.00	0.08	0.24	0.44	0.38	0.14	0.03	0.28	0.20	0.15
长沙	0.02	0.10	0.12	0.08	0.19	0.15	0.07	0.49	0.06	0.85	0.19	0.21

表 2.20 各季及年最低气温模拟序列与实况序列的 t 检验统计值

	冬	春	夏	秋	年
岳阳	0.16	0.09	0.22	0.25	0.19
常德	0.07	0.15	0.09	0.02	0.08
长沙	0.08	0.04	0.04	0.50	0.39

F 检验 取岳阳、常德、长沙 3 站 1951—1980 年的气温实况值与模拟值进行 F 检验，即自由度 $\upsilon_1=30-1=29$，$\upsilon_2=30-1=29$，取 $\alpha=0.05$，即 $t_\alpha=1.86$。检验结果表明，除长沙站 8 月最低气温实况值与模拟值的方差存在显著差异之外，其余各月、各季及年的模拟值与实际观测值的方差差异均不显著(表 2.21 至表 2.24)。

表 2.21 月最高气温模拟序列与实况序列的 F 检验统计值

	1	2	3	4	5	6	7	8	9	10	11	12
岳阳	1.11	1.07	1.18	1.26	1.08	1.14	1.05	1.37	1.38	1.25	1.09	1.02
常德	1.08	1.03	1.10	1.20	1.17	1.16	1.23	1.10	1.12	0.83	1.03	0.99
长沙	1.05	1.04	0.98	0.99	0.99	1.12	1.00	1.38	1.19	1.13	1.08	1.10

表 2.22 各季及年最高气温模拟序列与实况序列的 F 检验统计值

	冬	春	夏	秋	年
岳阳	1.06	1.21	1.05	1.19	1.32
常德	1.07	1.23	1.23	0.93	0.93
长沙	1.11	0.87	1.16	1.14	1.11

表 2.23 月最低气温模拟序列与实况序列的 F 检验统计值

	1	2	3	4	5	6	7	8	9	10	11	12
岳阳	1.05	1.05	1.15	1.17	1.16	1.37	1.54	1.31	1.18	1.14	1.06	1.04
常德	1.11	1.05	1.08	1.05	1.12	1.33	1.60	1.40	1.13	1.27	1.17	1.13
长沙	0.99	1.07	1.12	1.29	1.21	1.32	0.95	1.44	1.22	1.14	1.28	1.07

表 2.24 各季及年最低气温模拟序列与实况序列的 F 检验统计值

	冬	春	夏	秋	年
岳阳	1.12	1.31	1.57	1.12	1.41
常德	1.06	1.00	1.41	1.21	1.05
长沙	1.19	1.27	1.25	1.09	1.32

2.3.3 降水资料的插补

表 2.25 至表 2.27 分别给出了岳阳、常德、长沙 3 站与其他各站降水量的相关系数。3 站与其他各站降水量的最大相关系数为 0.922，最低相关系数－0.127。其中相关系数≥0.7 的占总数的 22.9%，在 0.5～0.7 之间的占 34.4%，小于 0.3 的仅占 20.1%。岳阳站与常德、沅陵、长沙 3 站相关最好，常德站与岳阳、沅陵、长沙 3 站相关最好，长沙站与邵阳、常德、沅陵 3 站的相关最好。

表 2.25 岳阳站与其他各站降水量逐月相关系数

站名	1	2	3	4	5	6	7	8	9	10	11	12
沅陵	0.782	0.670	0.519	0.587	0.654	0.448	0.800	0.642	0.734	0.715	0.656	0.822
常德	0.891	0.919	0.699	0.832	0.807	0.712	0.875	0.656	0.715	0.891	0.918	0.922
长沙	0.606	0.604	0.578	0.661	0.571	0.484	0.570	0.541	0.595	0.677	0.759	0.722
芷江	0.592	0.633	0.147	0.235	0.254	0.336	0.557	0.488	0.359	0.700	0.356	0.594
汉口	0.506	0.785	0.670	0.650	0.496	0.320	0.724	0.550	0.373	0.665	0.636	0.846
邵阳	0.631	0.463	0.429	0.353	0.195	0.710	0.411	0.658	0.278	0.507	0.514	0.565
衡阳	0.513	0.671	0.459	0.225	0.269	0.388	−0.098	0.439	0.435	0.268	0.563	0.463
郴州	0.241	0.381	0.506	0.289	0.041	0.135	−0.127	0.084	0.366	0.158	0.394	0.347

表 2.26 常德站与其他各站降水量逐月相关系数

站名	1	2	3	4	5	6	7	8	9	10	11	12
沅陵	0.865	0.820	0.816	0.849	0.665	0.601	0.762	0.627	0.697	0.787	0.828	0.800
岳阳	0.891	0.919	0.699	0.832	0.807	0.712	0.875	0.656	0.715	0.891	0.918	0.922
长沙	0.625	0.811	0.686	0.568	0.432	0.648	0.526	0.641	0.453	0.746	0.869	0.586
芷江	0.609	0.709	0.289	0.512	0.326	0.380	0.567	0.364	0.494	0.786	0.548	0.571
汉口	0.664	0.673	0.576	0.642	0.262	0.399	0.725	0.493	0.809	0.574	0.692	0.842
邵阳	0.631	0.525	0.394	0.421	0.200	0.453	0.470	0.738	0.272	0.719	0.603	0.571
衡阳	0.456	0.699	0.529	0.217	0.297	0.281	−0.096	0.382	0.226	0.485	0.663	0.447
郴州	0.297	0.434	0.483	0.235	−0.047	0.032	−0.079	0.126	0.211	0.187	0.472	0.294

表 2.27　长沙站与其他各站降水量逐月相关系数

站名	1	2	3	4	5	6	7	8	9	10	11	12
沅陵	0.523	0.732	0.772	0.503	0.610	0.464	0.544	0.497	0.528	0.804	0.784	0.763
岳阳	0.606	0.604	0.578	0.661	0.571	0.484	0.570	0.541	0.595	0.677	0.759	0.722
常德	0.625	0.811	0.686	0.568	0.432	0.648	0.526	0.641	0.453	0.746	0.869	0.586
芷江	0.575	0.582	0.485	0.436	0.499	0.504	0.631	0.434	0.423	0.731	0.628	0.590
汉口	0.431	0.391	0.385	0.203	0.283	0.219	0.346	0.401	0.254	0.397	0.623	0.678
邵阳	0.821	0.662	0.703	0.597	0.461	0.473	0.562	0.608	0.498	0.910	0.752	0.814
衡阳	0.810	0.788	0.690	0.516	0.364	0.265	0.186	0.569	0.617	0.761	0.788	0.662
郴州	0.559	0.469	0.519	0.446	0.103	0.127	−0.040	0.355	0.382	0.351	0.646	0.449

依据 2.3.1 节分别对岳阳、常德、长沙月降水缺测资料进行插补，并对其进行均方误和 t、F 检验，检验结果如下：

表 2.28 至表 2.31 给出了模拟值与实况值的均方误。可知，3 站逐月降水均方误在 5.9～62.2 mm 之间，其中 4—9 月均方误相对较大；各季均方误中，以秋、冬两季插补均方误小，春、夏两季插补均方误较大，但四季插补均方误远低于四季所在的各月均方误之和。同样，年均方误虽然数值较大，但远低于四季的均方误之和。因此，年降水量插补结果最接近真实值，四季降水量次之，月降水量插补误差最大。

表 2.28　月降水量模拟序列与实况序列的均方误(mm)

	1	2	3	4	5	6	7	8	9	10	11	12
岳阳	17.9	24.8	37.1	49.1	57.6	121.2	58.2	73.6	33.8	33.9	33.5	17.7
常德	14.9	19.1	31.1	36.8	60.5	89.0	54.4	76.6	36.2	31.1	18.2	12.3
长沙	24.4	27.8	36.6	54.8	64.5	83.2	60.8	75.6	43.7	25.8	29.4	19.3

表 2.29　各季及年降水量模拟序列与实况序列的均方误(mm)

	冬	春	夏	秋	年
岳阳	32.8	98.8	133.6	66.6	173.1
常德	27.4	74.7	121.7	43.1	155.2
长沙	37.7	84.9	135.2	69.0	193.7

t 检验　取岳阳、常德、长沙 3 站 1951—1980 年的降水量实况值与模拟值进行 t 检验，即自由度 $\upsilon=30+30-2=58$，取 $\alpha=0.05$，即 $t_\alpha=2.00$。检验结果表明，降水量各月、各季及年的模拟值与实际观测值的均值差异均不显著(表 2.30，表 2.31)。

表 2.30　月降水量模拟序列与实况序列的 t 检验统计值

	1	2	3	4	5	6	7	8	9	10	11	12
岳阳	0.13	0.04	0.24	0.28	0.01	0.32	0.22	0.17	0.00	0.08	0.08	0.16
常德	0.12	0.16	0.04	0.48	0.21	0.59	0.02	0.00	0.06	0.18	0.06	0.22
长沙	0.03	0.16	0.22	1.45	0.44	0.49	0.31	0.38	0.12	0.01	0.03	0.32

表 2.31 各季及年降水量模拟序列与实况序列的 t 检验统计值

	冬	春	夏	秋	年
岳阳	0.19	0.25	0.18	0.09	0.01
常德	0.29	0.44	0.30	0.05	0.02
长沙	0.25	0.66	0.60	0.07	0.22

F 检验 取岳阳、常德、长沙 3 站 1951—1980 年的降水量实况值与模拟值进行 *F* 检验,即自由度 $\upsilon_1=30-1=29$,$\upsilon_2=30-1=29$,取 $\alpha=0.05$,即 $t_\alpha=1.86$。检验结果表明,3 站各月、各季及年的模拟值与实际观测值的方差差异显著仅占总数的 29.4%(表 2.32,表 2.33)。

表 2.32 月降水量模拟序列与实况序列的 F 检验统计值

	1	2	3	4	5	6	7	8	9	10	11	12
岳阳	1.22	1.10	1.77	1.29	1.53	2.66	1.07	2.60	1.84	1.34	1.11	1.19
常德	1.32	1.31	1.48	1.38	1.55	1.48	1.52	2.03	1.61	1.22	1.26	1.17
长沙	1.68	1.29	1.75	2.48	2.64	2.06	2.41	2.38	2.98	1.19	1.20	1.18

表 2.33 各季及年降水量模拟序列与实况序列的 F 检验统计值

	冬	春	夏	秋	年
岳阳	1.33	1.67	1.95	1.55	1.99
常德	1.15	1.97	1.68	1.18	1.86
长沙	1.44	2.48	2.38	1.92	1.78

2.4 气候资料序列构建

2.4.1 近 50 年气候资料序列构建

表 2.3 给出了环洞庭湖区 23 个气象观测站 1951 年之后有连续观测资料的起始时间,由表可知,1951—1960 年环洞庭湖区地面气象观测站数量处在上升中,1960 年地面气象观测站数达 21 站,占现有气象观测站数的 92.3%(图 2.9);望城坡站和汨罗站建站时间晚。在确保使用到尽可能多的气象观测站资料的同时,也兼顾气候资料序列的长度问题,去掉建站较晚的望城坡和汨罗站构建环洞庭湖区气候资料序列;同时为消除观测时次的影响,平均气温取最高气温与最低气温的平均值。

2.4.2 近 100 年气候资料序列构建

(1)序列构建

环洞庭湖区 1951 年前只有长沙、岳阳、常德有气温、降水资料,1951—1960 年地面气象观测站点数变化较大。为消除站点数的差异,采用以下方法构建近 100 年气候资料序列。

① 利用 1960—2010 年环洞庭湖区长沙、岳阳、常德 3 站平均的各月平均最高气温、最低气温和降水量与同时间段的 21 站平均的同类序列建立线性关系。经计算得出,岳阳、长沙、常德 1960—2010 年 3 站平均的各月平均最高气温和平均最低气温序列与环洞庭湖区 21 站平均

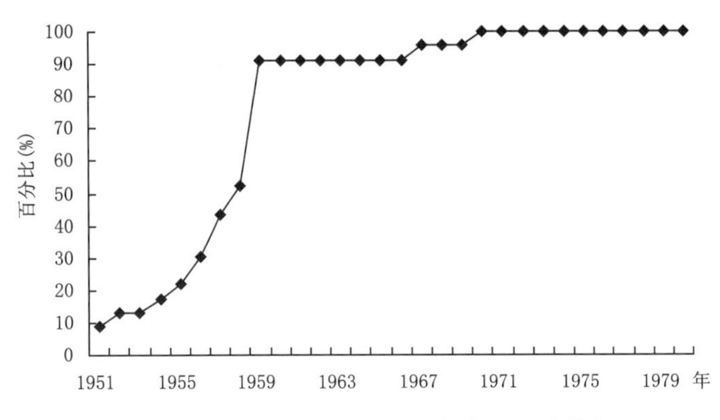

图 2.9 环洞庭湖区历年地面气象观测站数与现有地面气象观测站数的百分比

的同类序列的相关系数均大于 0.98；基于 3 站各月平均最高气温、最低气温建立的 21 站对应气温序列的一元线性方程均通过 α=0.001 显著性检验，无论是最高气温还是最低气温的模拟值，与实况值的均方误均小于 0.19℃（表 2.34）。岳阳、长沙、常德 1960—2010 年 3 站平均的各月降水量序列与洞庭湖周围 21 站平均的各月降水量序列的相关系数均大于 0.93；基于 3 站平均各月降水量建立的 21 站平均各月降水量的一元线性方程均通过 α=0.001 显著性检验，各月均方误在 3.7～28.6 mm 之间，见表 2.35。

表 2.34 气温均方误表（℃）

	1月	2月	3月	4月	5月	6月	7月	8月	9月	10月	11月	12月
平均最高气温	0.12	0.12	0.13	0.14	0.14	0.16	0.17	0.19	0.17	0.12	0.11	0.10
平均最低气温	0.09	0.12	0.13	0.12	0.10	0.10	0.12	0.13	0.14	0.15	0.15	0.13

表 2.35 降水均方误表（mm）

	1月	2月	3月	4月	5月	6月	7月	8月	9月	10月	11月	12月
降水量	5.0	5.5	9.7	16.3	16.1	25.2	28.6	23.8	13.8	9.7	8.1	3.7

② 基于①，将 1909—1959 年长沙、岳阳、常德 3 站平均的各月平均最高气温、各月平均最低气温、各月降水量转换成 21 站平均的各月平均最高气温、平均最低气温及降水量。由此，构建出 1909—2010 年月平均最高气温、月平均最低气温、月平均气温、月降水量序列。

(2)近百年气温、降水序列与全球及中国区域同类序列的比较

图 2.10 给出了全球、中国、环洞庭湖区近 100 年年平均气温距平图，变化趋势基本一致。20 世纪 80 年代开始全球、中国及环洞庭湖区气温以正距平为主；中国区域 20 世纪 20—40 年代的暖期、50—80 年代中期的冷期，在环洞庭湖区的持续时间要短，在全球 20—40 年代则表现为以冷为主。

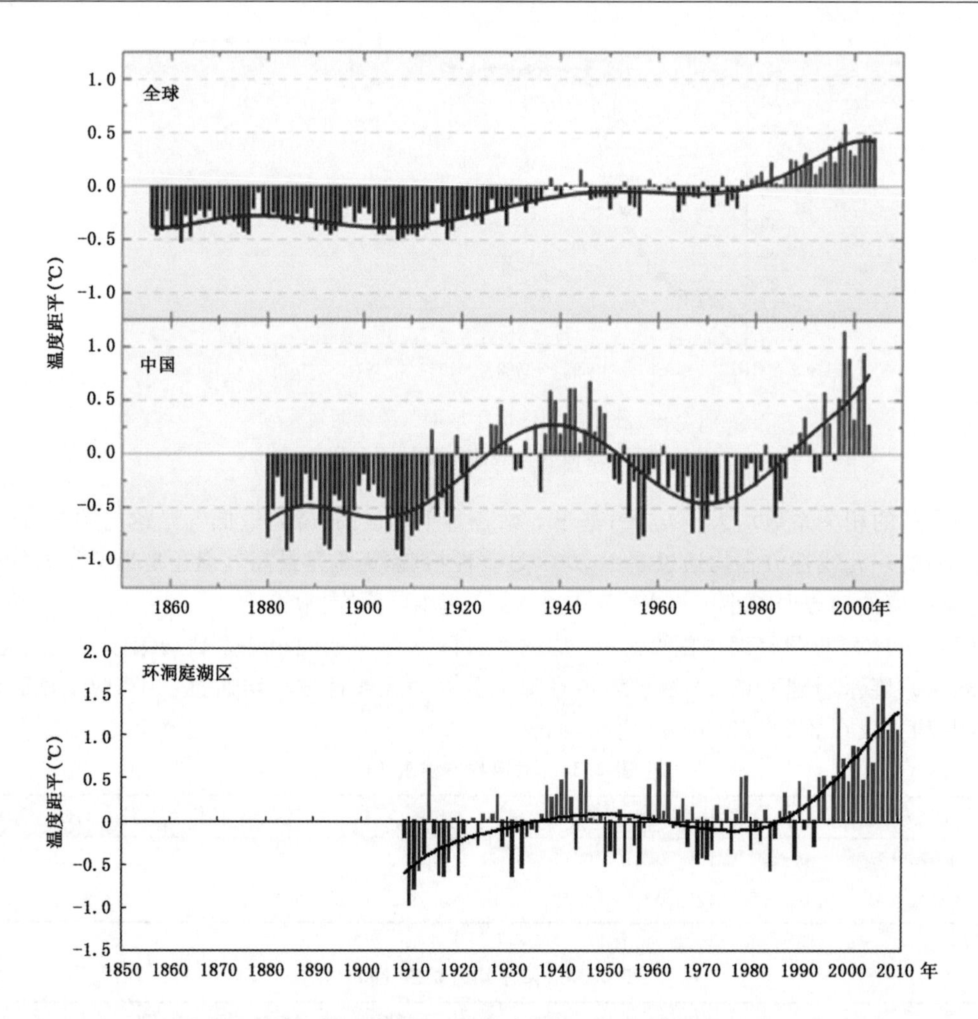

图 2.10　近百年全球、中国及环洞庭湖区年平均气温距平图(相对于 1961—1990 年平均值)
(全球资料取自 Jones,中国资料取自王绍武等)

环洞庭湖区年降水量相对于 1961—1990 年平均的距平百分率变化与中国东部年降水量距平百分率变化相比较,变化趋势基本一致(图 2.11),仅在个别阶段存在一些差异;与全球年降水量距平百分率的差别则较大。

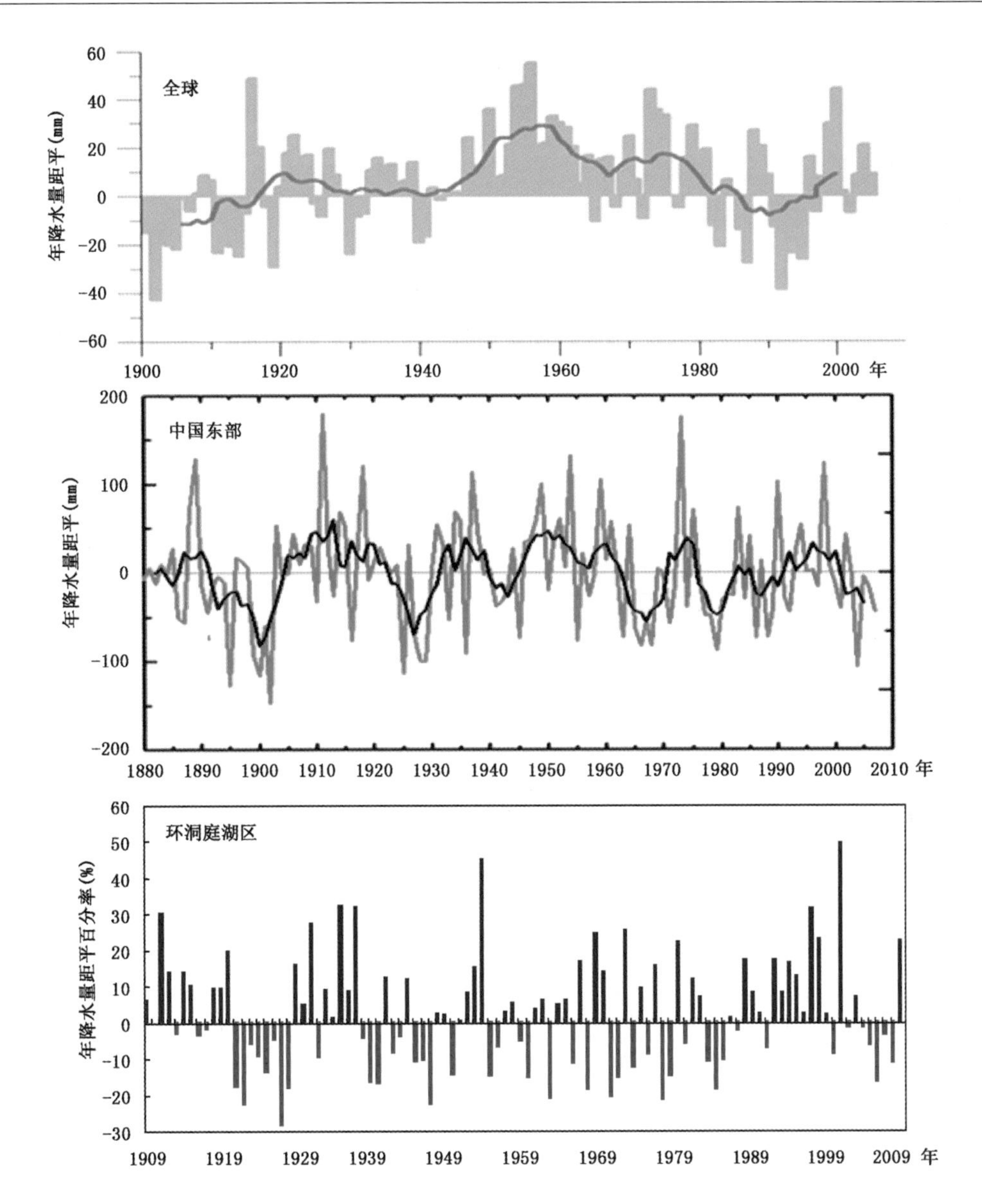

图 2.11　近 100 年全球、中国东部及环洞庭湖区年降水量距平百分率图(相对于 1961—1990 年平均值)
(中国资料取自王绍武等,全球资料来源于 GHCN;IPCC 第四次评估报告)

3 气候变化观测事实及变化趋势预估

3.1 气候变化观测事实

3.1.1 气温变化事实

(1)年平均气温

1909—2010 年环洞庭湖区年平均气温呈极显著上升趋势,上升速率为 0.97℃/100a(图 3.1,相关系数为 0.5636,通过 $\alpha=0.01$ 显著性检验),明显高于 IPCC 第四次评估报告给出的 1906—2005 年全球平均地表气温的增暖速率[(0.74℃ ±0.18℃)/100a],过去的 13 年(1998—2010 年)中有 11 个年份位居 1909 年以来最暖的 14 个年份之列,2007 年是近 100 年来最热的一年。1951—2010 年年平均气温呈极显著上升趋势(图 3.2,相关系数为 0.6493,通过 $\alpha=0.01$ 显著性检验),上升速率为 0.20℃/10a,几乎是近 100 年的两倍。环洞庭湖区 21 站 1961—2010 年年平均气温均呈极显著上升趋势,其中华容升温速率最大(0.35℃/10a),常德次之(0.33℃/10a),湘潭升温速率最小(0.13℃/10a),见表 3.1。

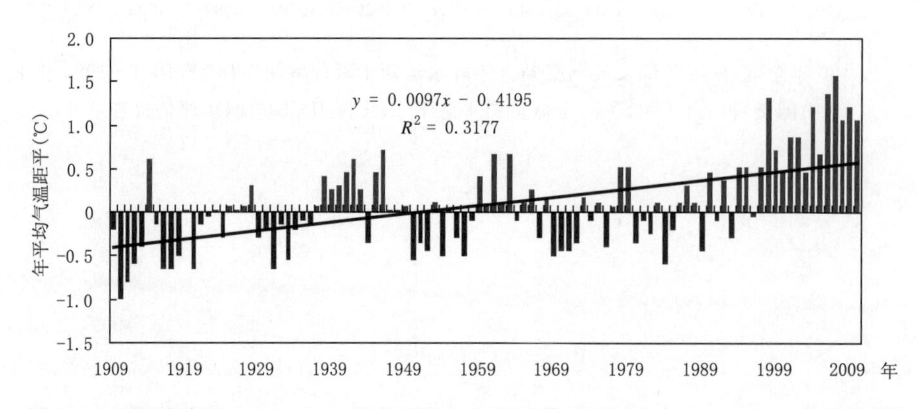

图 3.1 环洞庭湖区 1909—2010 年年平均气温距平序列(相对于 1961—1990 年平均值)

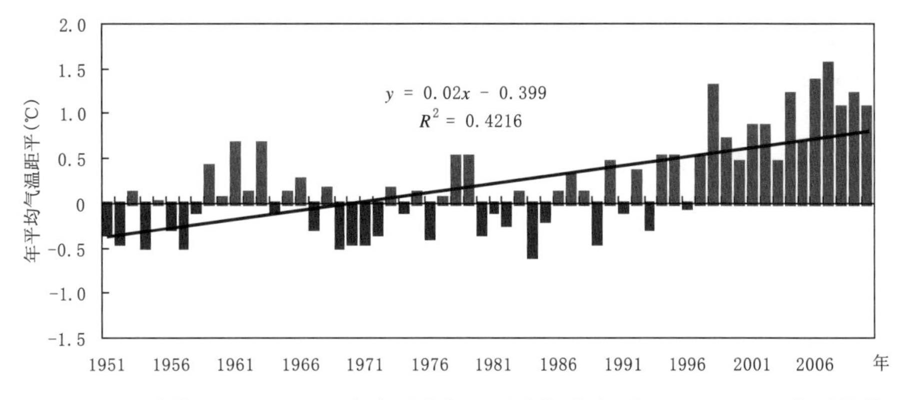

图 3.2　环洞庭湖区 1951—2010 年年平均气温距平序列(相对于 1961—1990 年平均值)

表 3.1　环洞庭湖区各台站 1961—2010 年年和四季平均气温线性倾向率及相关系数(倾向率单位为℃/10a)

	冬		春		夏		秋		年	
	倾向率	相关系数	倾向率	相关系数	倾向率	相关系数	倾向率	相关系数	倾向率	相关系数
松滋	0.34	0.4825	0.42	0.6034	0.08	0.1649	0.33	0.5723	0.29	0.7185
石首	0.32	0.4577	0.39	0.5719	0.07	0.1433	0.32	0.5520	0.28	0.6672
公安	0.36	0.4978	0.41	0.6065	0.10	0.2286	0.34	0.6053	0.31	0.7468
岳阳	0.26	0.3518	0.30	0.4714	−0.02	0.0364	0.22	0.4327	0.19	0.5768
临湘	0.28	0.3863	0.30	0.4716	0.06	0.1269	0.20	0.4029	0.21	0.6062
湘阴	0.27	0.3649	0.32	0.4714	0.06	0.1198	0.21	0.3962	0.22	0.5569
华容	0.34	0.4581	0.42	0.5860	0.15	0.3014	0.34	0.5768	0.35	0.7556
常德	0.37	0.4815	0.44	0.6098	0.17	0.3326	0.34	0.5913	0.33	0.7282
汉寿	0.28	0.3918	0.36	0.5276	0.08	0.1684	0.24	0.4604	0.24	0.6176
安乡	0.32	0.4289	0.38	0.5428	0.16	0.3027	0.31	0.5271	0.30	0.6802
澧县	0.32	0.4592	0.42	0.5867	0.12	0.2284	0.30	0.5412	0.29	0.6971
桃源	0.27	0.3569	0.34	0.5313	0.05	0.0954	0.23	0.4417	0.22	0.5988
临澧	0.28	0.4089	0.33	0.5196	0.04	0.0759	0.22	0.4335	0.23	0.6200
益阳	0.27	0.3606	0.31	0.4773	0.06	0.1248	0.27	0.4881	0.23	0.5970
沅江	0.29	0.3947	0.31	0.4756	0.02	0.0325	0.25	0.4778	0.22	0.5953
南县	0.26	0.3642	0.31	0.4805	0.01	0.0118	0.20	0.3845	0.20	0.5260
桃江	0.22	0.2995	0.26	0.4269	−0.02	0.0455	0.15	0.2985	0.16	0.4907
长沙	0.26	0.3513	0.29	0.4540	0.09	0.1955	0.22	0.3999	0.22	0.5702
宁乡	0.25	0.3289	0.31	0.4711	0.04	0.0914	0.19	0.3743	0.21	0.5765
湘潭	0.21	0.2848	0.22	0.3532	−0.03	0.0803	0.11	0.2298	0.13	0.3981
株洲	0.26	0.3387	0.27	0.4206	0.03	0.0724	0.15	0.2927	0.18	0.5121
平均	0.29	0.3928	0.34	0.5076	0.06	0.1419	0.24	0.4514	0.24	0.6112

对环洞庭湖区近100年年平均气温序列做Morlet小波变换，图3.3b为Morlet小波变换实部谱分析，结合图3.3a小波功率谱分析可知：短周期振荡信号不明显，中尺度振荡信号主要有1990年之前一直存在的准20年周期波，50年左右的长周期波一直维持。从50年长周期的变化规律看，环洞庭湖区1909—2010年年平均气温经历了冷→暖→冷→暖4个循环阶段，即1930年之前为气温偏冷阶段，1930—1960年为偏暖阶段，1960—1990年为偏冷阶段，1990年至今为偏暖阶段。

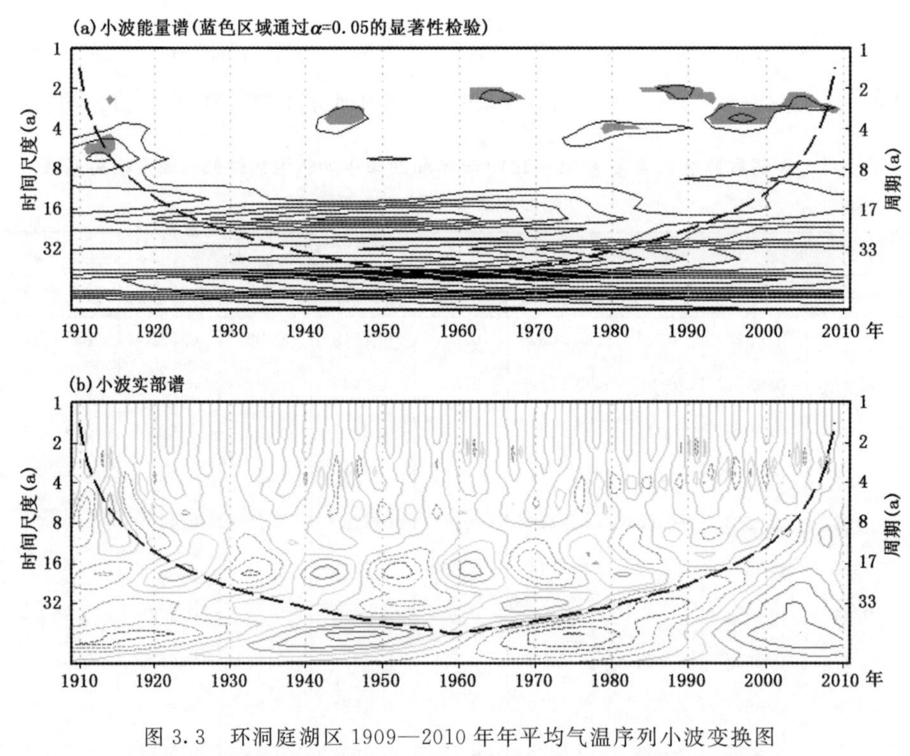

图3.3 环洞庭湖区1909—2010年年平均气温序列小波变换图
(图中信号振荡的强弱通过颜色的冷暖色调来表示，色调越冷表示年平均气温越小于常年，色调越暖表示年气温越大于常年)

运用Mann-Kendall(M-K)非参数检验方法，对环洞庭湖区近100年年平均气温进行时间序列的突变检验。图3.4为年平均气温的M-K统计曲线，图中*UF*代表年平均气温的顺序统计曲线，*UB*为年平均气温的逆序统计曲线，并给定显著性水平：$\alpha=0.05$，临界线为±1.96(两条虚线)。若*UF*或*UB*值大于0，则表明序列呈上升的趋势，小于0则表明呈下降趋势。当统计曲线超过临界线时，表明上升或下降趋势显著。如果统计曲线在临界线之间出现交点，则交点对应的时刻就是突变开始的时间。

从图3.4可以看出，20世纪以来环洞庭湖区经历了4次明显的升温过程，第一次是20世纪10年代末至20年代末、第二次是20世纪30年代后期至40年代末、第三次是20世纪50年代末至60年代中期、第四次升温始于20世纪90年代初，并延续到现在。根据*UF*和*UB*曲线交点的位置，确定环洞庭湖区年平均气温增暖的突变点为1997年。

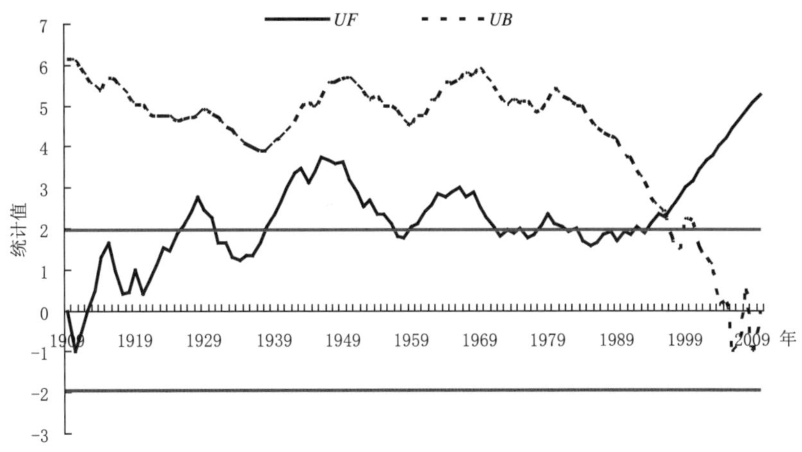

图 3.4　环洞庭湖区年平均气温 M-K 统计量曲线

（直线为 $\alpha=0.05$ 显著性水平临界值）

(2)年极端气温

1961—2010 年(有连续气象观测记录)环洞庭湖区年极端最低气温呈极显著上升趋势，上升速率为 0.80℃/10a(图 3.5，相关系数为 0.3573，通过 $\alpha=0.01$ 显著性检验)。M-K 突变检测结果表明，环洞庭湖区年极端最低气温增暖的突变点是 1992 年(图 3.6)。

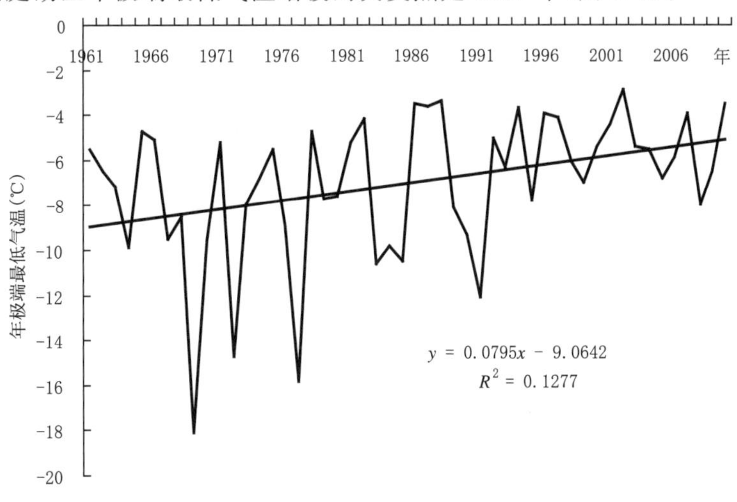

图 3.5　环洞庭湖区 1961—2010 年年极端最低气温序列图

1961—2010 年环洞庭湖区年极端最高气温变化趋势不显著(图 3.7)；M-K 突变检测结果也表明环洞庭湖区年极端最高气温序列无增暖或变冷的突变点存在(图 3.8)。

(3)季平均气温

1909—2010 年、1951—2010 年环洞庭湖区冬季平均气温均呈极显著上升趋势，上升速率分别为 1.6℃/100a、0.28℃/10a(表 3.2)；1941 年以来冬季平均气温以增暖为主，期间经历了 3 次明显的升温过程，分别是 20 世纪 50 年代后期至 60 年代中期、70 年代后期至 80 年代初、80 年代末至现在(图 3.9)。环洞庭湖区 21 站 1961—2010 年冬季平均气温岳阳、桃江、长沙、宁乡、湘潭、株洲呈显著上升趋势，其余各站均呈极显著上升趋势，其中常德升温速率最大(0.37℃/10a)，公安次之(0.36℃/10a)，湘潭升温速率最小(0.21℃/10a)。对环洞庭湖区近

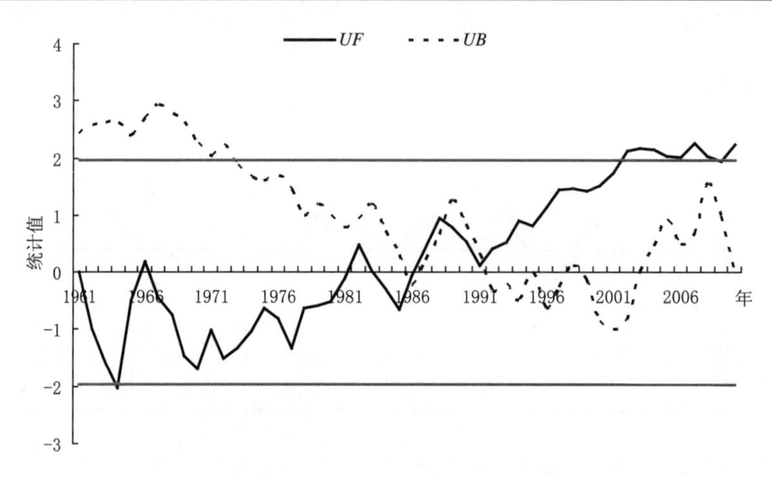

图 3.6 环洞庭湖区年极端最低气温 M-K 统计量曲线

（直线为 α=0.05 显著性水平临界值）

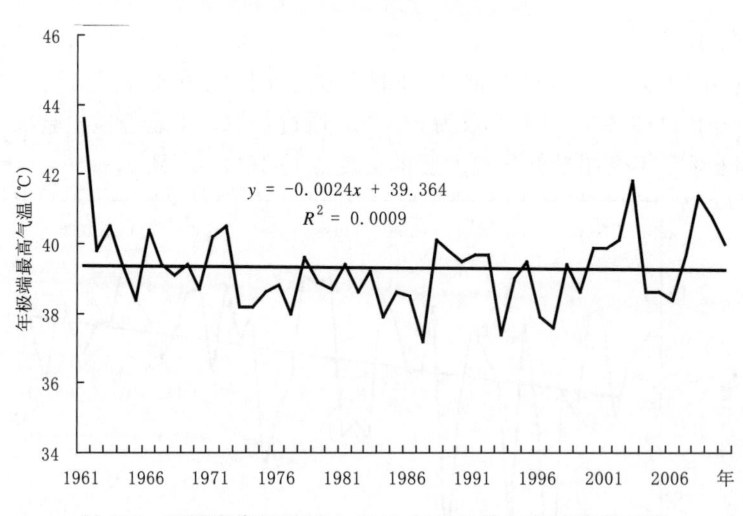

图 3.7 环洞庭湖区 1961—2010 年年极端最高气温序列图

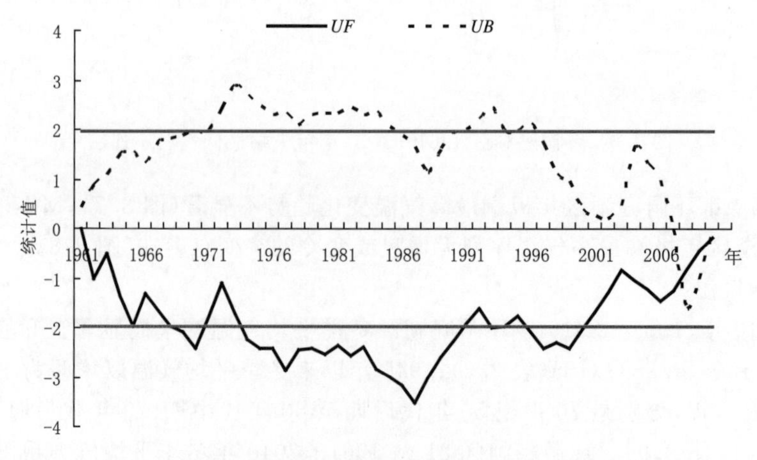

图 3.8 环洞庭湖区年极端最高气温 M-K 统计量曲线

（直线为 α=0.05 显著性水平临界值）

100 年冬季平均气温序列做 Morlet 小波变换，分析得出，存在一个 50a 左右的长周期振荡信号、一个 15～20a 中频振荡信号和若干高频振荡信号(图 3.10)，其 50a 左右的长周期振荡信号显示环洞庭湖区近 100 年冬季平均气温经历了冷→暖→冷→暖 4 个阶段，目前有转向偏冷期的趋势。M-K 突变检测结果表明，近 100 年冬季平均气温序列的突变点为 1986 年(图 3.11)。

表 3.2　环洞庭湖区近 100 年和近 60 年的四季气温升温率及相关系数

	冬季	春季	夏季	秋季
1909—2010 年气温升温率	1.6℃/100a	1.3℃/100a	0.4℃/100a	0.7℃/100a
相关系数	0.4249	0.4231	0.1803	0.2816
近 60 年气温升温率	0.28℃/10a	0.31℃/10a	0.02℃/10a	0.18℃/10a
相关系数	0.4568	0.5704	0.0616	0.4202

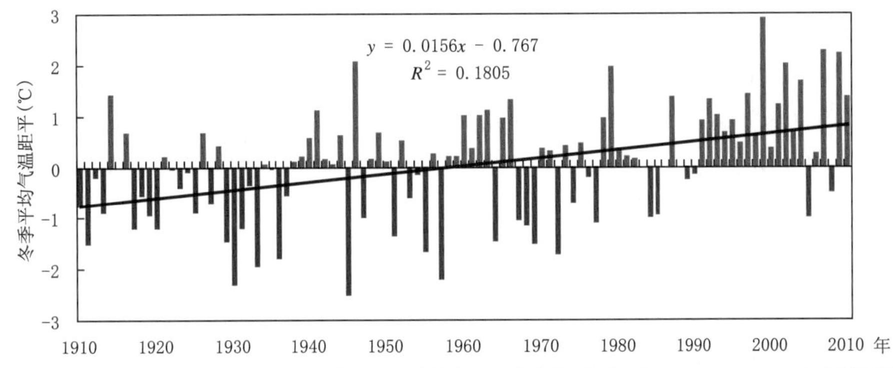

图 3.9　环洞庭湖区 1910—2010 年冬季平均气温距平序列(相对于 1961—1990 年平均值)

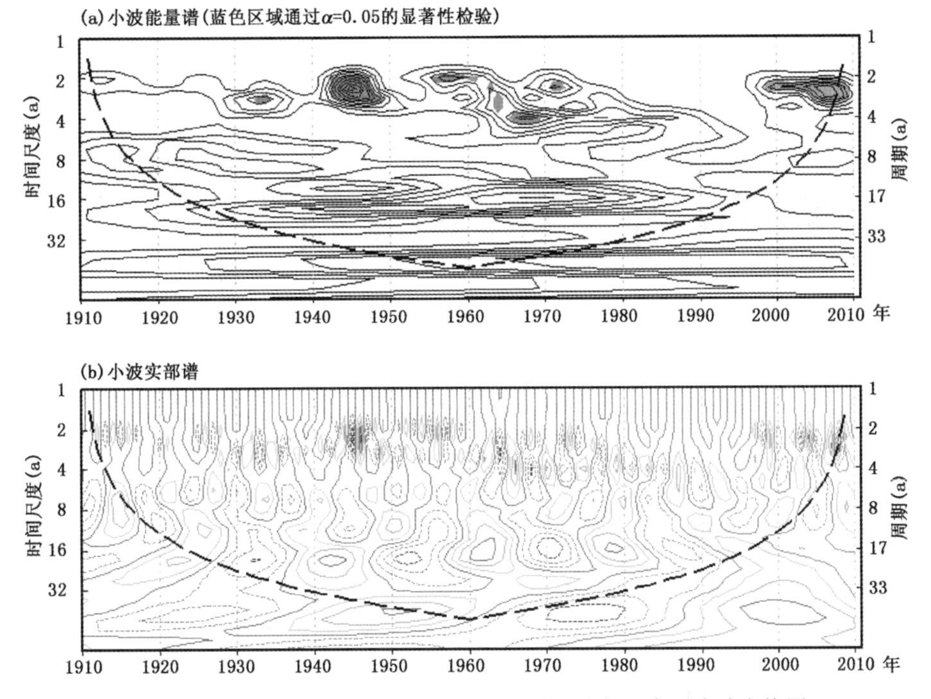

图 3.10　环洞庭湖区 1910—2010 年冬季平均气温序列小波变换图

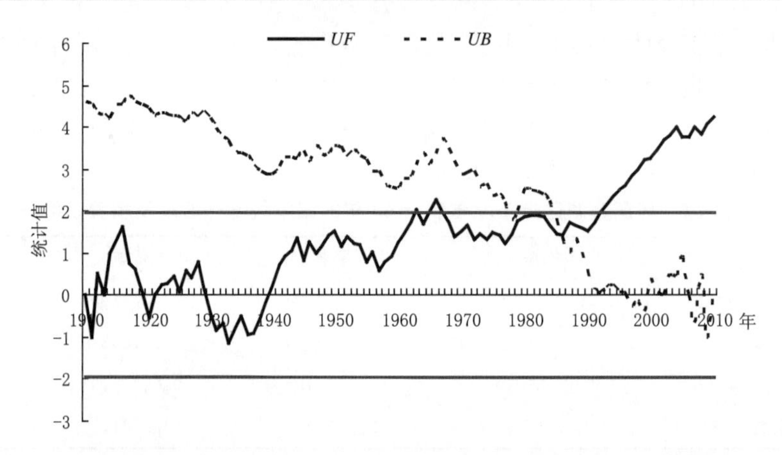

图 3.11　环洞庭湖区冬季平均气温 M-K 统计量曲线(直线为 α=0.05 显著性水平临界值)

1909—2010 年、1951—2010 年环洞庭湖区春季平均气温均呈极显著上升趋势，上升速率分别为 1.3℃/100a、0.31℃/10a(表 3.1)；自 1919 年以来春季平均气温以增暖为主，期间出现了 4 次明显的升温过程，分别为 20 世纪 20 年代后期至 30 年代初、30 年代后期至 40 年代中期、50 年代后期至 60 年代后期、90 年代初至现在(图 3.12)。环洞庭湖区 21 站 1961—2010 年春季平均气温湘潭呈显著上升趋势，其余测站均呈极显著上升趋势，其中常德升温速率最大(0.44℃/10a)，松滋、华容、澧县次之(0.42℃/10a)，湘潭升温速率最小(0.22℃/10a)，见表 3.2。Morlet 小波变换分析结果同冬季气温，不同之处是目前仍处在偏暖周期中(图 3.13)。M-K 突变检测结果显示出春季平均气温序列的突变点为 1997 年(图 3.14)。

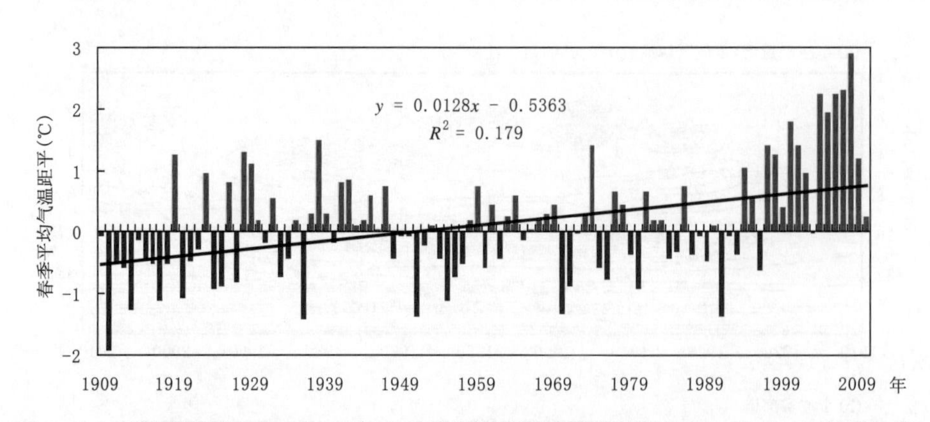

图 3.12　环洞庭湖区 1909—2010 年春季平均气温距平序列(相对于 1961—1990 年平均值)

夏季平均气温变化趋势不显著(表 3.2)，但存在明显的年代际变化，20 世纪 10 年代至 20 年代中期以偏冷为主，20 年代末至 60 年代中期以偏暖为主，60 年代末至 90 年代偏冷年份多于偏暖年份、偏冷强度大于偏暖强度，进入 21 世纪以来以偏暖为主(图 3.15)。环洞庭湖区 21 站 1961—2010 年夏季平均气温除常德、华容、安乡呈显著上升趋势外，其余测站趋势变化不显著。Morlet 小波变换分析结果同春季气温(图 3.16)。M-K 突变检测结果显示夏季平均气温存在两个增暖突变点(1928 年和 2005 年)、一个变冷突变点(1968 年)，见图 3.17。

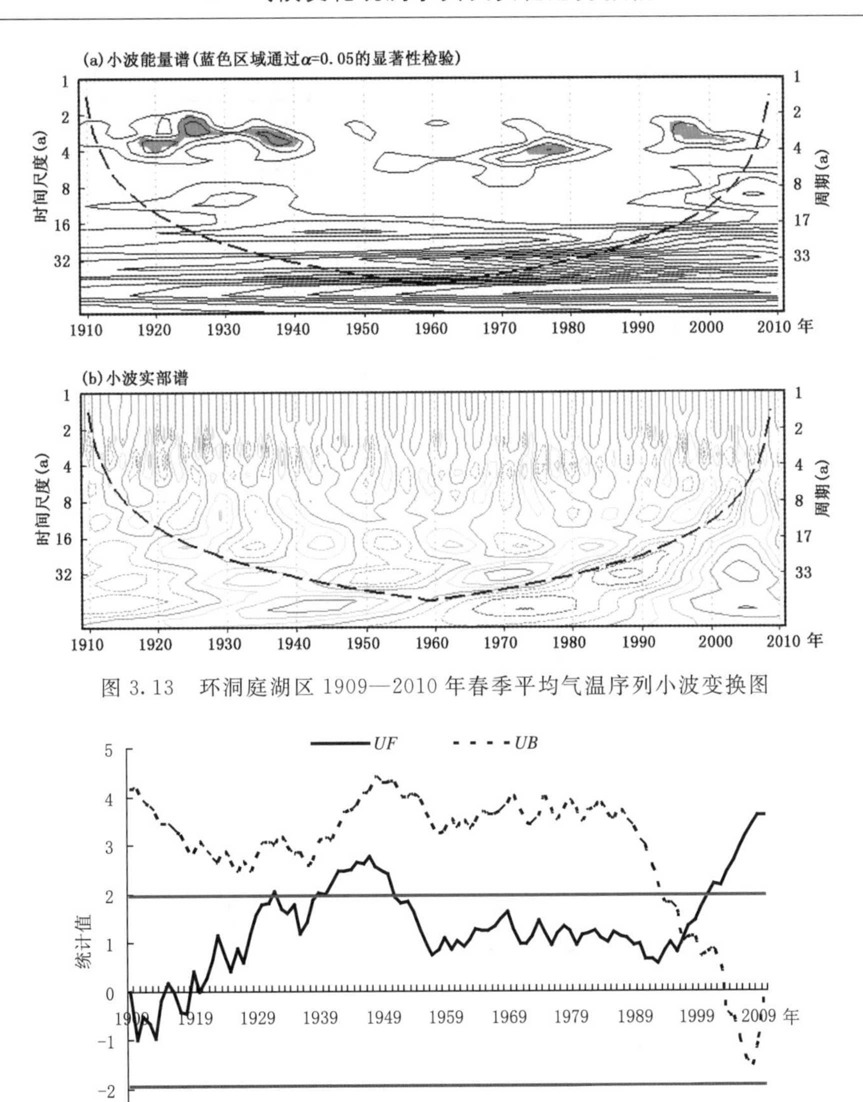

图 3.13　环洞庭湖区 1909—2010 年春季平均气温序列小波变换图

图 3.14　环洞庭湖区春季平均气温 M-K 统计量曲线
(直线为 α=0.05 显著性水平临界值)

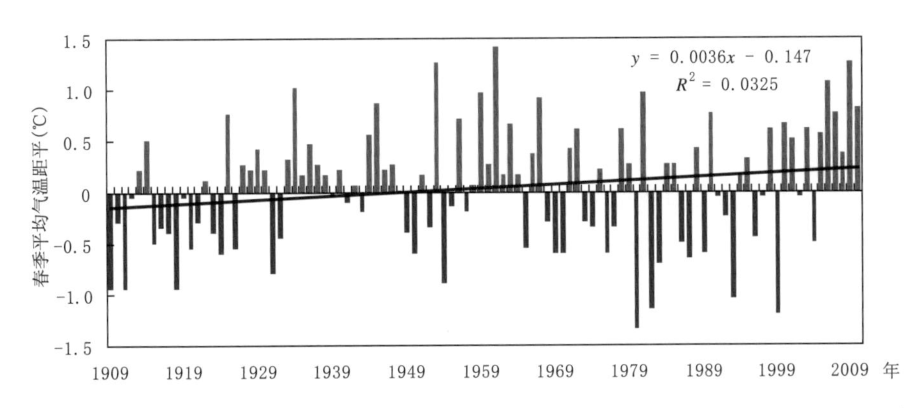

图 3.15　环洞庭湖区 1909—2010 年夏季平均气温距平序列(相对于 1961—1990 年平均值)

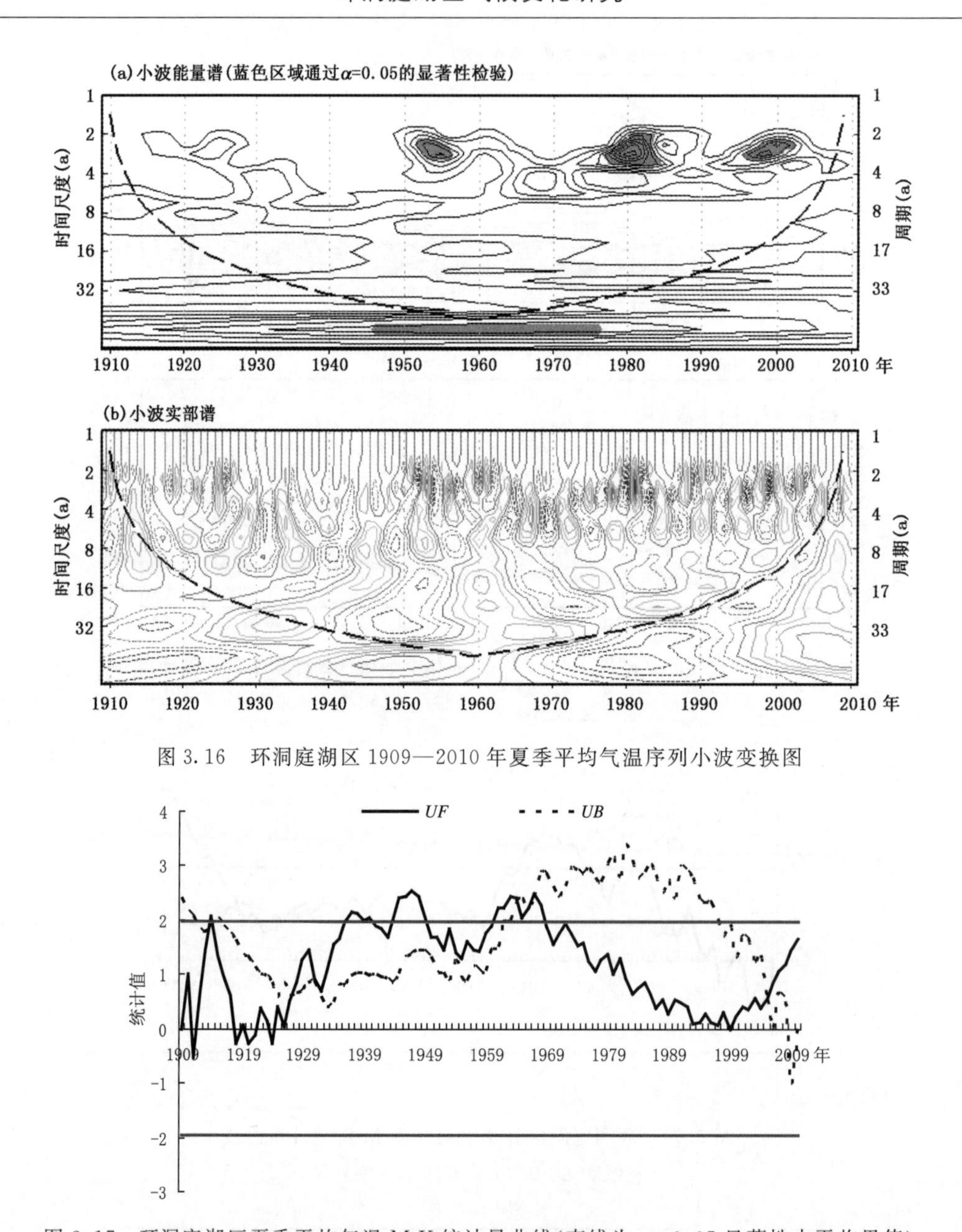

图 3.16 环洞庭湖区 1909—2010 年夏季平均气温序列小波变换图

图 3.17 环洞庭湖区夏季平均气温 M-K 统计量曲线(直线为 α=0.05 显著性水平临界值)

1909—2010 年、1951—2010 年秋季平均气温呈显著和极显著上升趋势,上升速率分别为 0.7℃/100a、0.18℃/10a(表 3.2);在 20 世纪 10 年代中期至 20 年代末期、30 年代后期至 40 年代中期、90 年代中期至今增暖明显(图 3.18)。环洞庭湖区 21 站 1961—2010 年秋季平均气温湘潭变化趋势不显著,桃江、株洲呈显著上升趋势,其余各站呈极显著上升趋势,其中公安、华容、常德上升速率最大,为 0.34℃/10a。Morlet 小波变换分析结果同春季气温(图 3.19)。M-K 突变检测结果显示出秋季平均气温序列增暖突变点为 2003 年(图 3.20)。

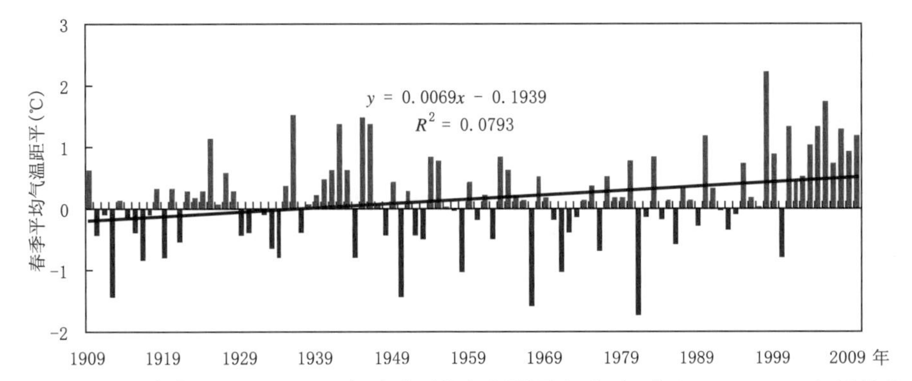

图 3.18　环洞庭湖区 1909—2010 年秋季平均气温距平序列(相对于 1961—1990 年平均值)

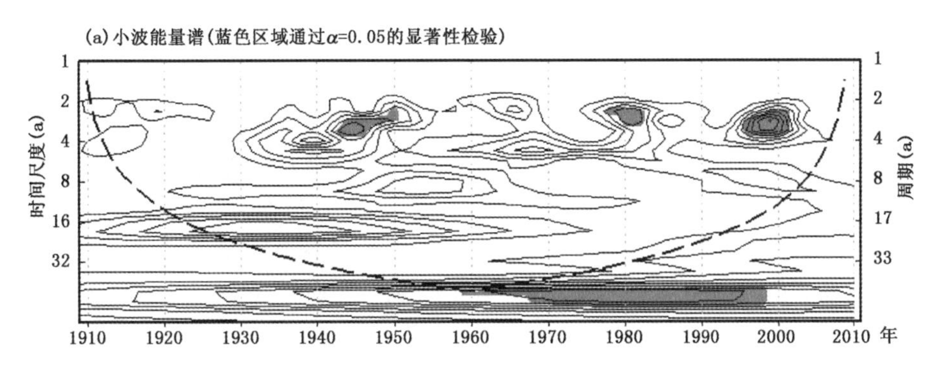

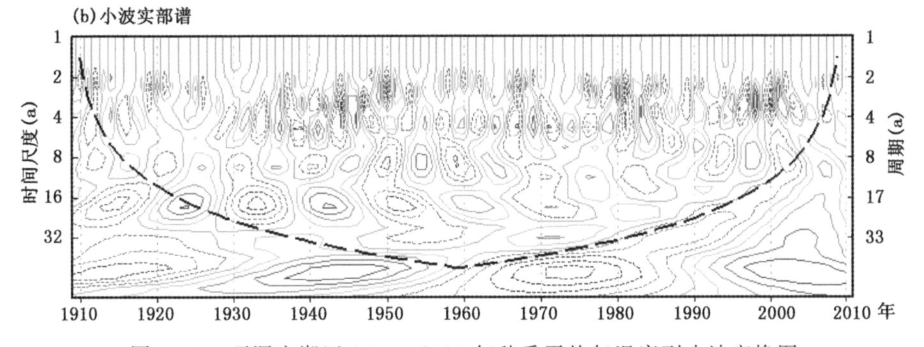

图 3.19　环洞庭湖区 1909—2010 年秋季平均气温序列小波变换图

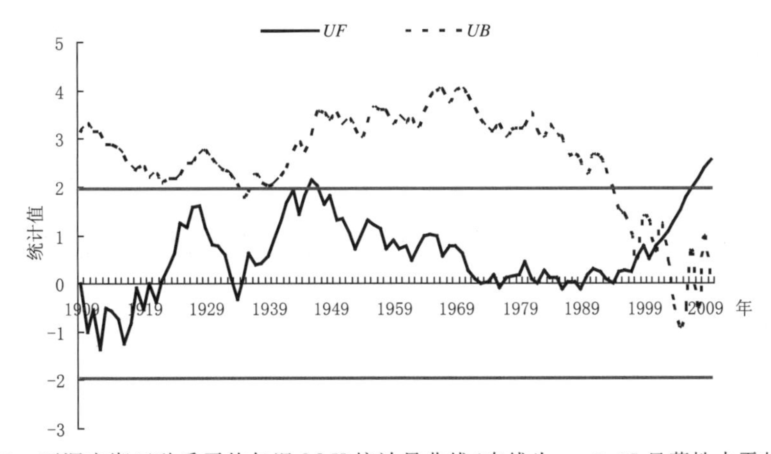

图 3.20　环洞庭湖区秋季平均气温 M-K 统计量曲线(直线为 α=0.05 显著性水平临界值)

3.1.2 降水变化事实

(1)降水量

① 年降水量

1909—2010年、1951—2010年环洞庭湖区年降水量变化趋势均不显著,但波幅大,2002年年降水量达1962.5 mm,1927年年降水量仅为942.7 mm,见图3.21、图3.22。1961—2010年环洞庭湖区21站中石首年降水量呈显著增加趋势,增加速率为51.2 mm/10a;华容年降水量呈较显著增加趋势,增加速率为41.0 mm/10a;其余各站年降水量变化趋势均不显著,见表3.3。

对环洞庭湖区近100年年降水量序列做Morlet小波变换,图3.23b为morlet小波变换实部谱分析,图中信号振荡的强弱通过颜色的冷暖色调来表示,色调越冷表示年降水量越大于常年,色调越暖表示年降水量越小于常年。结合图3.23a小波功率谱分析得出:1960年之前主要是准6年周期波,1960年之后振荡频率增高,主要为准3年周期波,另外有1970年之后生成的准8年周期波。图3.23显示降水信号还包含有其他较长尺度的振荡,如1970年之前主要为准20年周期波,1970年之后则表现为25~30年左右周期波。从变化规律看,25年左右的中期振荡周期经历了多→少→多→少→多→少→多→少→多→少10个循环交替,而2010年振荡周期等值线尚未闭合,说明2010年其后的一个时期降水量仍处在偏少周期内。

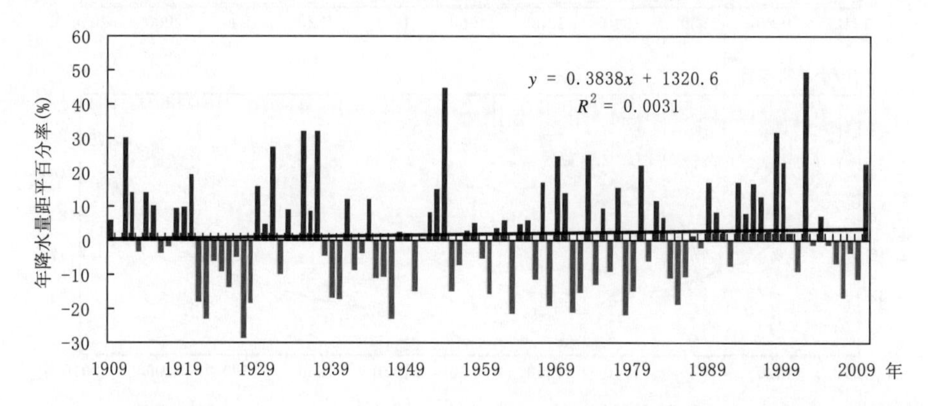

图3.21 环洞庭湖区1909—2010年年降水量距平百分率序列(相对于1961—1990年平均值)

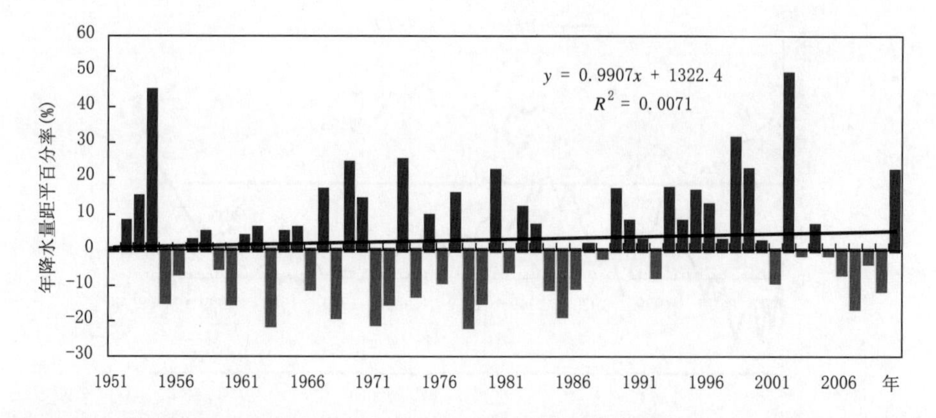

图3.22 环洞庭湖区1951—2010年年降水量距平百分率序列(相对于1961—1990年平均值)

表 3.3　环洞庭湖区各台站 1961—2010 年年和四季降水量线性倾向率及相关系数（倾向率单位为 mm/10a）

	冬		春		夏		秋		年	
	倾向率	相关系数	倾向率	相关系数	倾向率	相关系数	倾向率	相关系数	倾向率	相关系数
松滋	9.9	0.3227	−3.4	0.0466	9.0	0.0758	−22.7	0.3186	−8.0	0.0522
石首	15.0	0.3973	9.9	0.1296	36.1	0.2877	−9.3	0.1528	51.2	0.3293
公安	8.6	0.2771	2.0	0.0303	26.2	0.2080	−17.5	0.2635	18.6	0.1328
岳阳	13.0	0.2944	−0.7	0.0079	24.0	0.1574	2.3	0.0390	38.1	0.2000
临湘	15.1	0.3348	−3.0	0.0306	26.8	0.1575	6.2	0.0894	44.4	0.1971
湘阴	14.0	0.2692	−20.2	0.1989	19.3	0.1534	−4.4	0.0764	9.2	0.0511
华容	15.6	0.3838	5.2	0.0612	23.0	0.1741	−2.0	0.0344	41.0	0.2388
常德	11.9	0.2826	−1.9	0.0226	19.4	0.1516	−1.3	0.0212	31.1	0.1692
汉寿	16.0	0.3557	−8.5	0.1057	16.1	0.1291	−1.8	0.0326	21.6	0.1326
安乡	14.5	0.3555	6.8	0.0808	19.4	0.1561	−10.0	0.1721	29.9	0.1807
澧县	11.1	0.3240	−8.8	0.1210	28.4	0.1940	−18.0	0.2470	12.0	0.0721
桃源	8.3	0.1901	−15.3	0.1961	23.6	0.1667	−6.9	0.0952	9.2	0.0494
临澧	13.0	0.3476	0.4	0.0047	17.4	0.1457	−10.5	0.1571	19.7	0.1381
益阳	12.3	0.2353	−14.7	0.1626	20.2	0.1453	−0.1	0.0014	18.4	0.0968
沅江	9.4	0.2075	−12.5	0.1286	4.8	0.0343	2.0	0.0381	4.0	0.0220
南县	9.8	0.2428	0.0	0.0004	4.0	0.0335	−5.3	0.0869	8.1	0.0493
桃江	8.6	0.1684	−18.2	0.1952	36.6	0.2498	−3.9	0.0562	23.9	0.1233
长沙	9.3	0.1998	−5.4	0.0692	24.3	0.2030	−3.6	0.0485	25.8	0.1598
宁乡	11.9	0.2533	−8.9	0.1158	24.3	0.1991	−5.3	0.0773	23.1	0.1474
湘潭	12.8	0.2850	−5.4	0.0695	16.7	0.1627	−2.5	0.0334	23.2	0.1694
株洲	7.6	0.1613	−7.6	0.0928	24.2	0.2195	−8.5	0.1083	18.0	0.1239
平均	11.8	0.2804	−5.2	0.0891	21.1	0.1621	−5.9	0.1024	22.0	0.1350

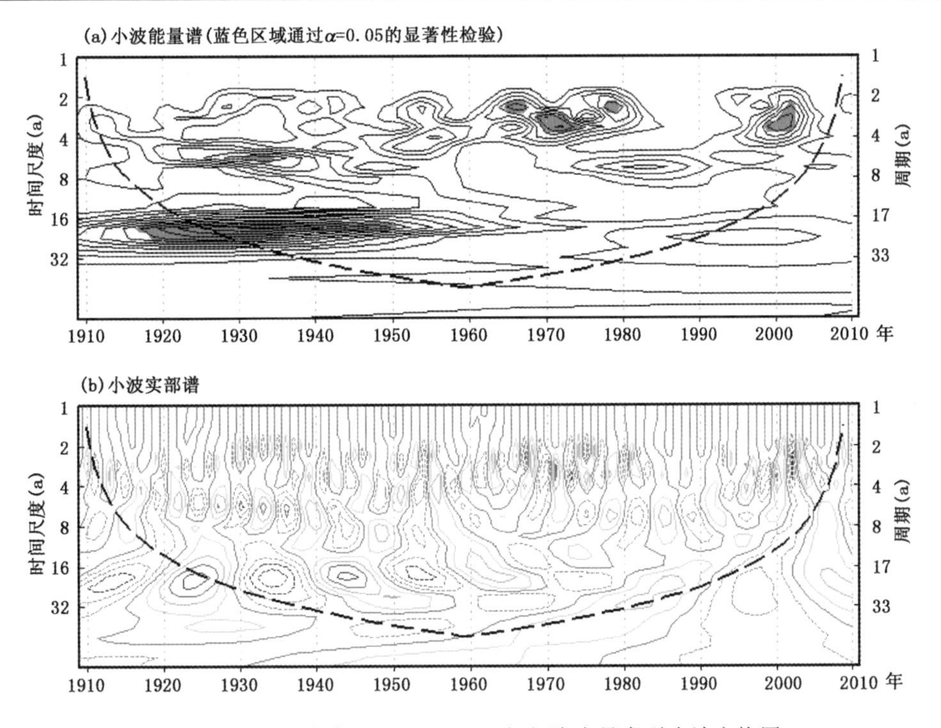

图 3.23　环洞庭湖区 1909—2010 年年降水量序列小波变换图

从环洞庭湖区年降水量 M-K 统计量曲线可以看出，近 100 年以来环洞庭湖区的年降水量基本呈波动的趋势，20 世纪 20 年代年降水量有一明显减少的过程，之后以波动为主，至 20 世纪 80 年代中后期环洞庭湖区年降水量有一个明显增多的突变点存在，根据 *UF* 和 *UB* 曲线的交点，确定突变点为 1987 年(图 3.24)。

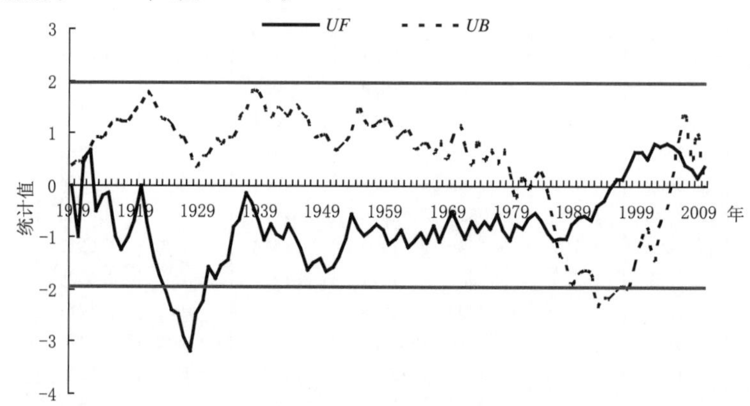

图 3.24 环洞庭湖区年降水量曼－肯德尔统计量曲线(直线为 $\alpha=0.05$ 显著性水平临界值)

② 季降水量

1910—2010 年环洞庭湖区冬季降水量呈显著上升趋势(通过 0.05 显著性检验)，上升速率为 3.81 mm/10a；以 1998 年冬季降水量最多(为 303.6 mm)，1968 年降水量最少，仅为 84.8 mm，见图 3.25。1951—2010 年环洞庭湖区冬季降水量呈较显著上升趋势(通过 $\alpha=0.10$ 显著性检验)，上升速率为 6.98 mm/10a(图 3.26)。1961—201 年环洞庭湖区 21 站中，石首、华容、汉寿、安乡冬季降水量呈极显著增多趋势，松滋、公安、岳阳、临湘、常德、澧县、临澧、湘潭呈显著增多趋势，湘阴、益阳、南县、宁乡呈较显著增多趋势。

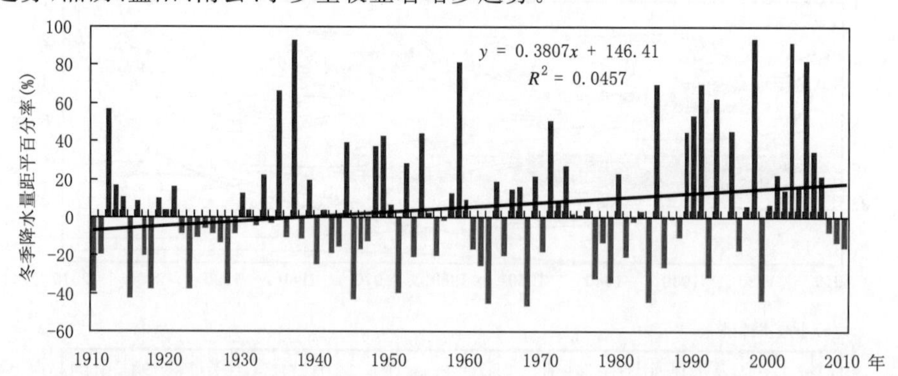

图 3.25 环洞庭湖区 1910—2010 年冬季降水量距平百分率序列(相对于 1961—1990 年平均值)

对环洞庭湖区近 100 年冬季降水量序列做 Morlet 小波变换(图 3.27)，分析得出：短周期振荡信号主要体现为准 2 年和准 6 年的周期波；其他较长尺度的振荡主要为准 20 年和准 50 年的周期波。从变化规律看，20a 左右的中期振荡周期经历了多→少→多→少→多→少→多→少→多→少→多 11 个循环交替，目前正处于偏少阶段；50 年的长尺度周期经历了少→多→少→多 4 个循环阶段，1930 年之前为降水偏少阶段，1930—1960 年为降水偏多阶段，1960—1980 年代末期为降水偏少阶段，1980 年代末期至今为降水偏多阶段。

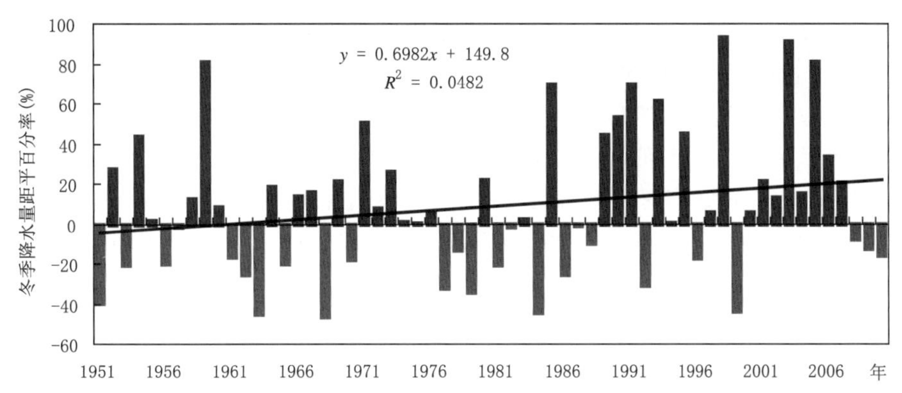

图 3.26 环洞庭湖区 1951—2010 年冬季降水量距平百分率序列(相对于 1961—1990 年平均值)

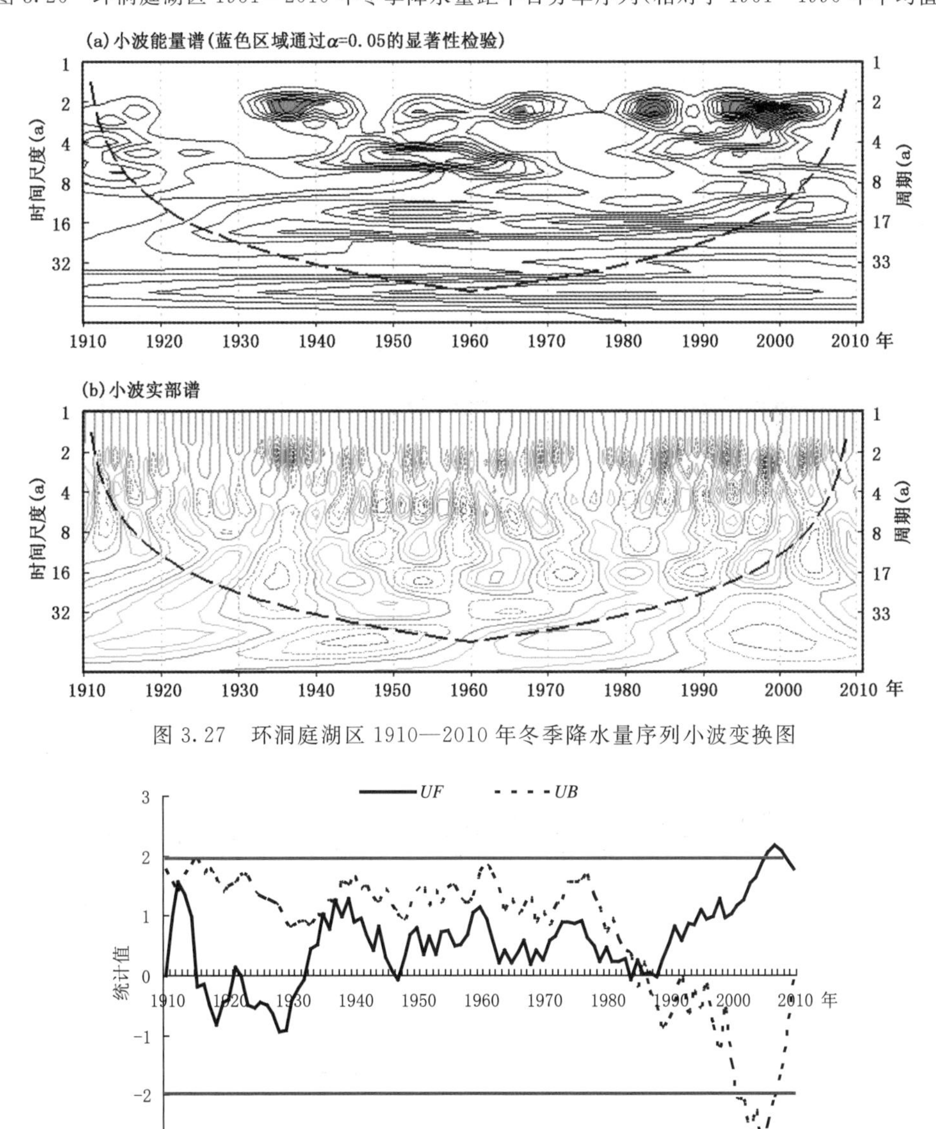

图 3.27 环洞庭湖区 1910—2010 年冬季降水量序列小波变换图

图 3.28 环洞庭湖区冬季降水量 M-K 统计量曲线(直线为 α=0.05 显著性水平临界值)

对近100年环洞庭湖区冬季降水量进行突变检验得出：有2次明显减少的阶段和2次明显增多的阶段，2次明显减少的阶段为20世纪10年代初至10年代末以及20世纪30年代末至40年代末；2次明显增多的阶段为20世纪20年代末至30年代末以及20世纪80年代末至今，其中第2次增多的阶段达到突变标准，突变点为1987年(图3.28)。

1909—2010年环洞庭湖区春季降水量变化趋势不显著，春季最多降水量为778.5 mm(2002年)，最少降水量为312.0 mm(1927年)，见图3.29。1951—2010年环洞庭湖区春季降水量变化趋势不显著(图3.30)。1961—2010年环洞庭湖区21站春季降水量变化趋势均不显著(表3.3)。

对环洞庭湖区近100年春季降水量序列做Morlet小波变换(图3.31)，分析得出：短周期振荡信号主要体现为准3年和准8年的周期波；其他较长尺度的振荡主要为准20～25年的周期波。从变化规律看，25年左右的中期振荡周期经历了少→多→少→多→少→多→少→多→少9个循环交替，目前仍处于偏少的阶段。

对环洞庭湖区近百年春季降水量序列进行突变检验发现，20世纪30年代、50年代降水上升趋势显著，2010年代末有下降趋势，见图3.32。

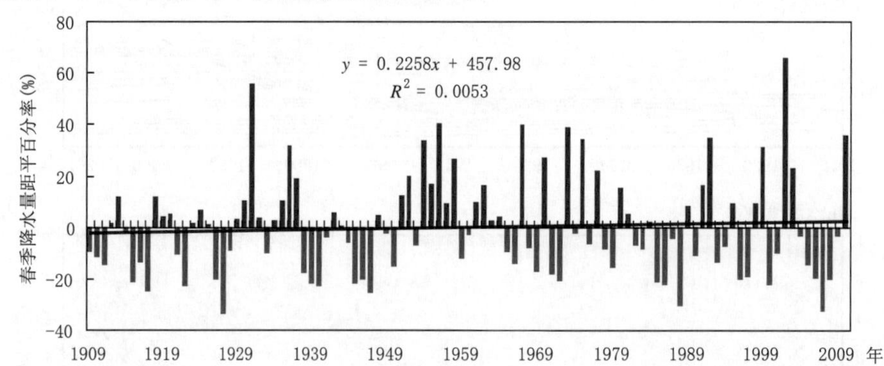

图3.29 环洞庭湖区1909—2010年春季降水量距平百分率序列(相对于1961—1990年平均值)

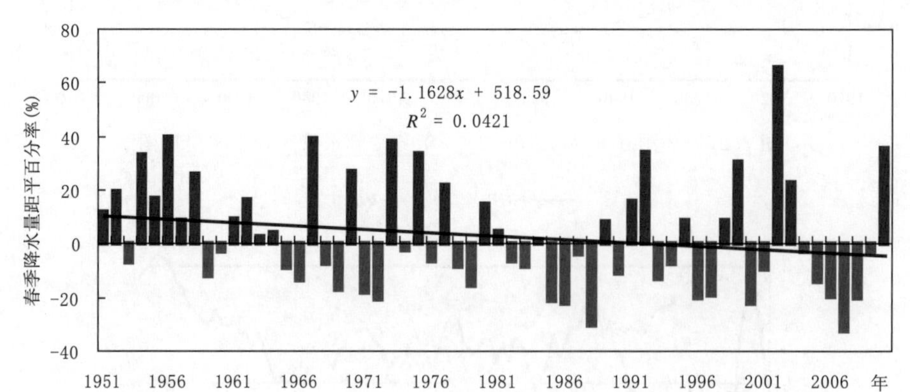

图3.30 环洞庭湖区1951—2010年春季降水量距平百分率序列(相对于1961—1990年平均值)

1909—2010年环洞庭湖区夏季降水量变化趋势不显著，夏季降水量最多达962.7 mm(1969年)，最少仅161.1 mm (1972年)，见图3.33。1951—2010年环洞庭湖区夏季降水量变化趋势不显著(图3.34)。1951—2010年环洞庭湖区21站中，石首夏季降水量呈显著增多趋势，桃江呈较显著增多趋势，其余站变化趋势均不显著。

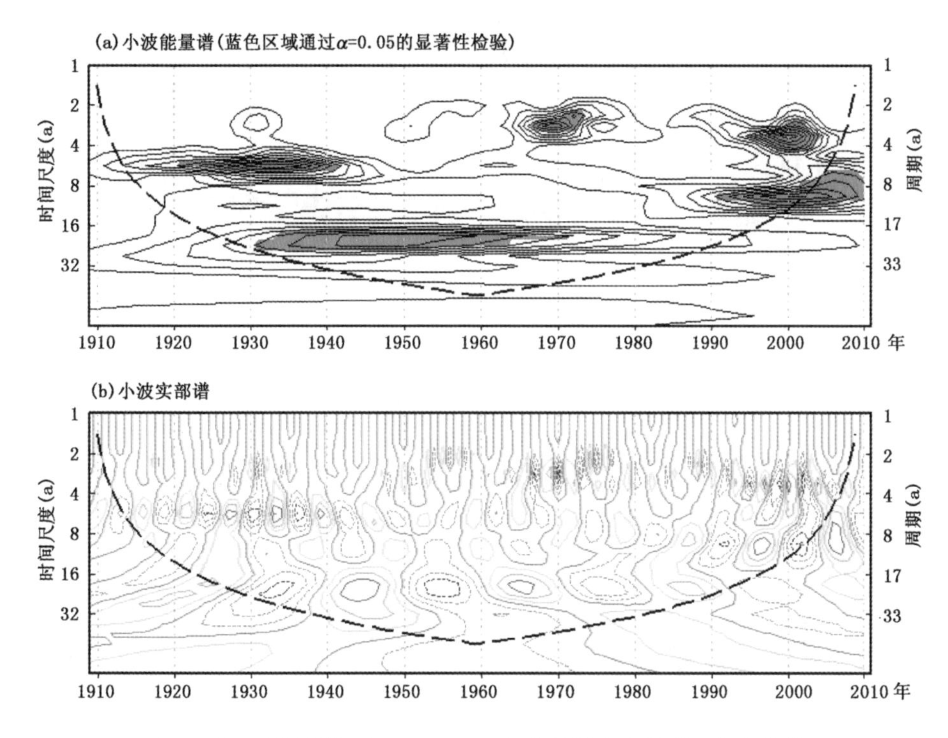

图 3.31　环洞庭湖区 1909—2010 年春季降水量序列小波变换图

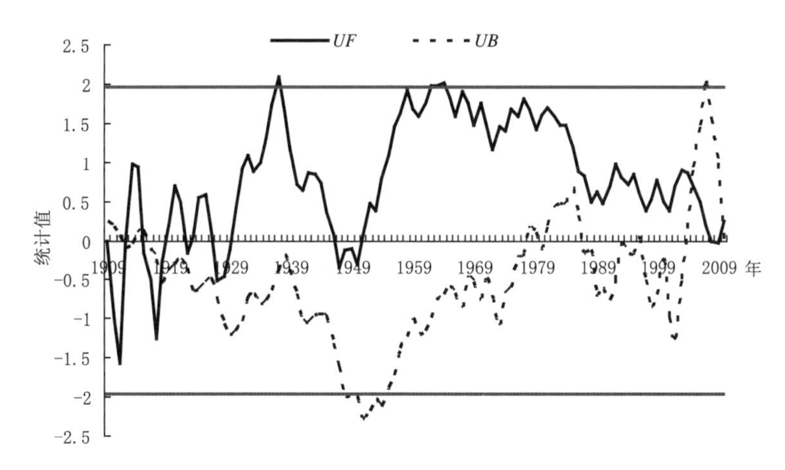

图 3.32　环洞庭湖区春季降水量 M-K 统计量曲线(直线为 α=0.05 显著性水平临界值)

对环洞庭湖区近 100 年夏季降水量序列做 Morlet 小波变换(图 3.35),分析得出:短周期振荡信号主要体现为准 3 a 和准 6 a 的周期波;其他较长尺度的振荡,主要为准 12 a 和准 25 a 的周期波。

对环洞庭湖区近 100 年夏季降水量序列进行突变检验,得出不存在突变现象(图 3.36)。

1909—2010 年环洞庭湖区秋季降水量序变化趋势不显著,秋季降水量最多达 547.5mm(1911 年),最少仅为 67.7mm(1979 年),见图 3.37。1951—2010 年环洞庭湖区秋季降水量变化趋势不显著(图 3.38)。1961—2010 年环洞庭湖区 21 站中,松滋秋季降水量呈显著减少趋势,公安、澧县呈较显著减少趋势,其余站变化趋势不显著,见表 3.3。

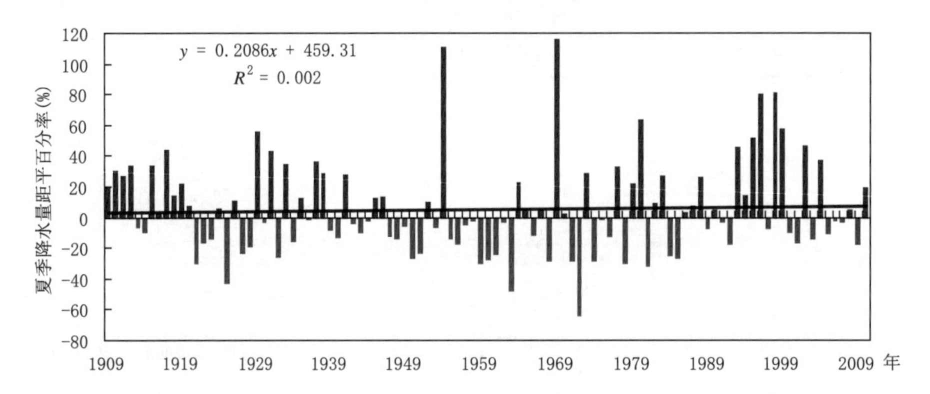

图 3.33 环洞庭湖区 1909—2010 年夏季降水量距平百分率序列(相对于 1961—1990 年平均值)

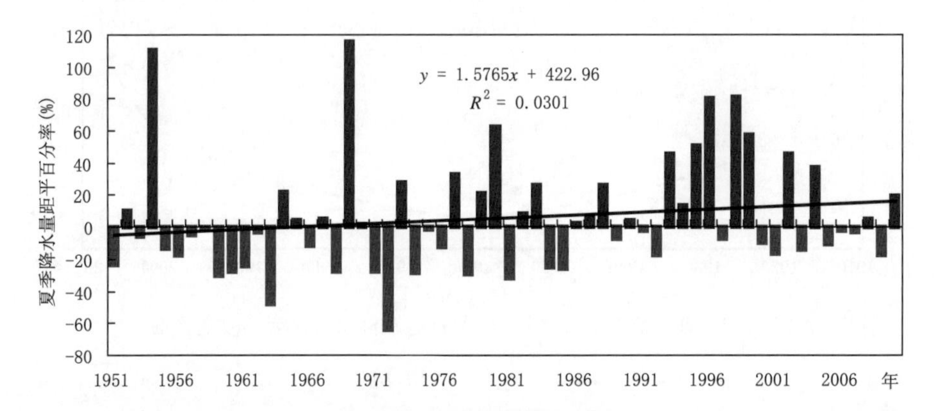

图 3.34 环洞庭湖区 1951—2010 年夏季降水量距平百分率序列(相对于 1961—1990 年平均值)

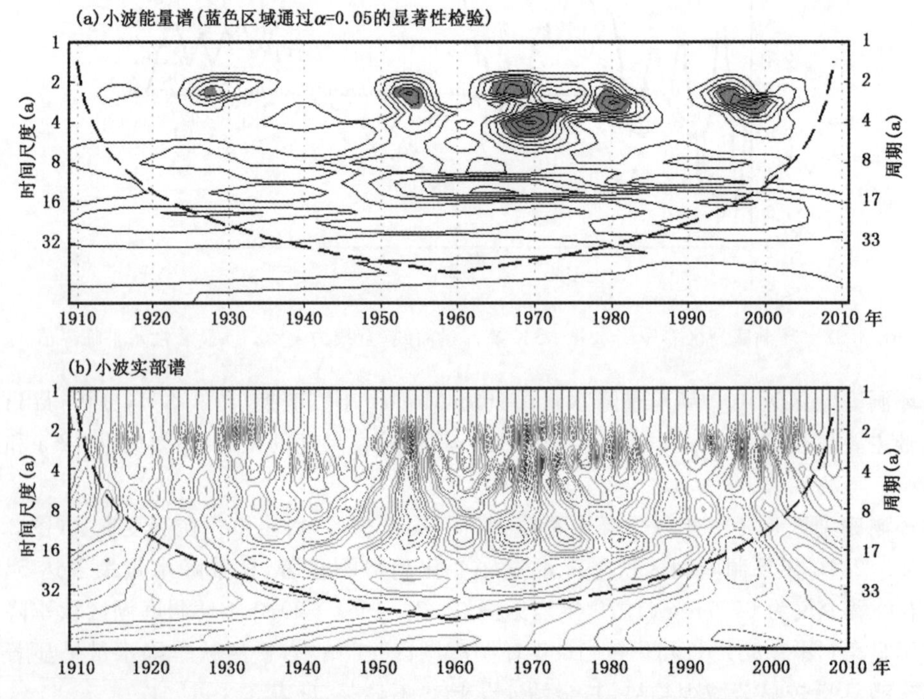

图 3.35 环洞庭湖区 1909—2010 年夏季降水量序列小波变换图

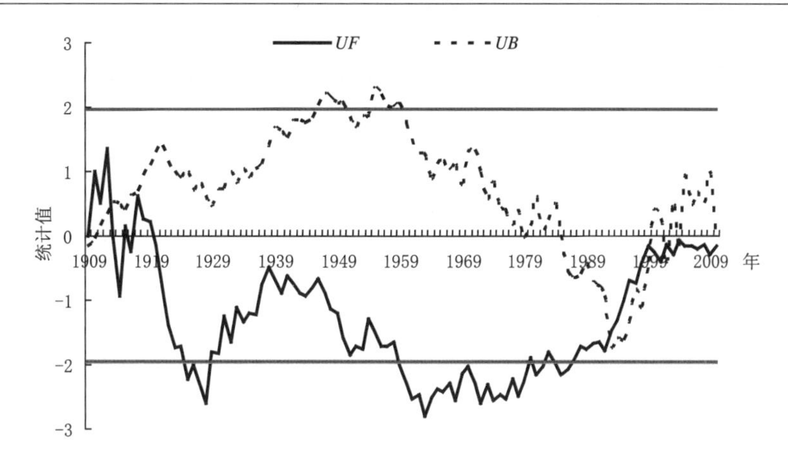

图 3.36　环洞庭湖区夏季降水量曼－肯德尔统计量曲线(直线为 $\alpha=0.05$ 显著性水平临界值)

对环洞庭湖区近 100 秋季降水量序列做 Morlet 小波变换(图 3.39),分析得出:短周期振荡信号主要体现为准 4～6 a 和准 8～10 a 的周期波;其他较长尺度的振荡在 1980 年之前为准 20～25 a 周期,1980 年之后为准 16 a 周期。

对环洞庭湖区近 100 年秋季降水量序列进行突变检验得出,20 世纪 20 年代末至 30 年代初降水下降趋势显著,其他时段呈现为波动变化,上升、下降趋势均不显著,见图 3.40。

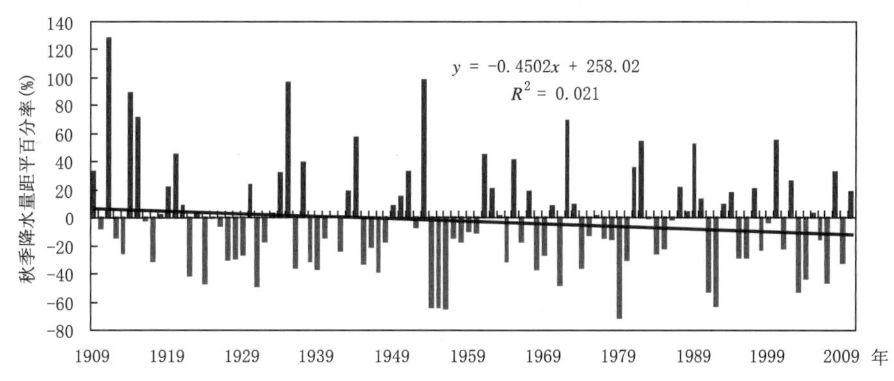

图 3.37　环洞庭湖区 1909—2010 年秋季降水量距平百分率序列(相对于 1961—1990 年平均值)

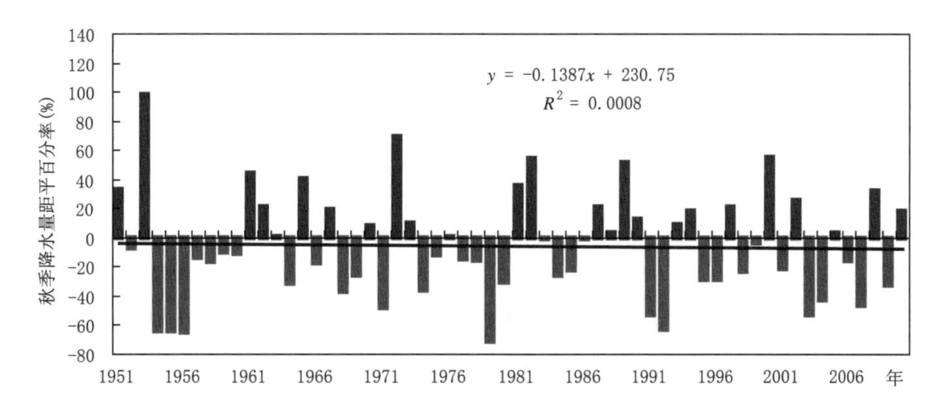

图 3.38　环洞庭湖区 1951—2010 年秋季降水量距平百分率序列(相对于 1961—1990 年平均值)

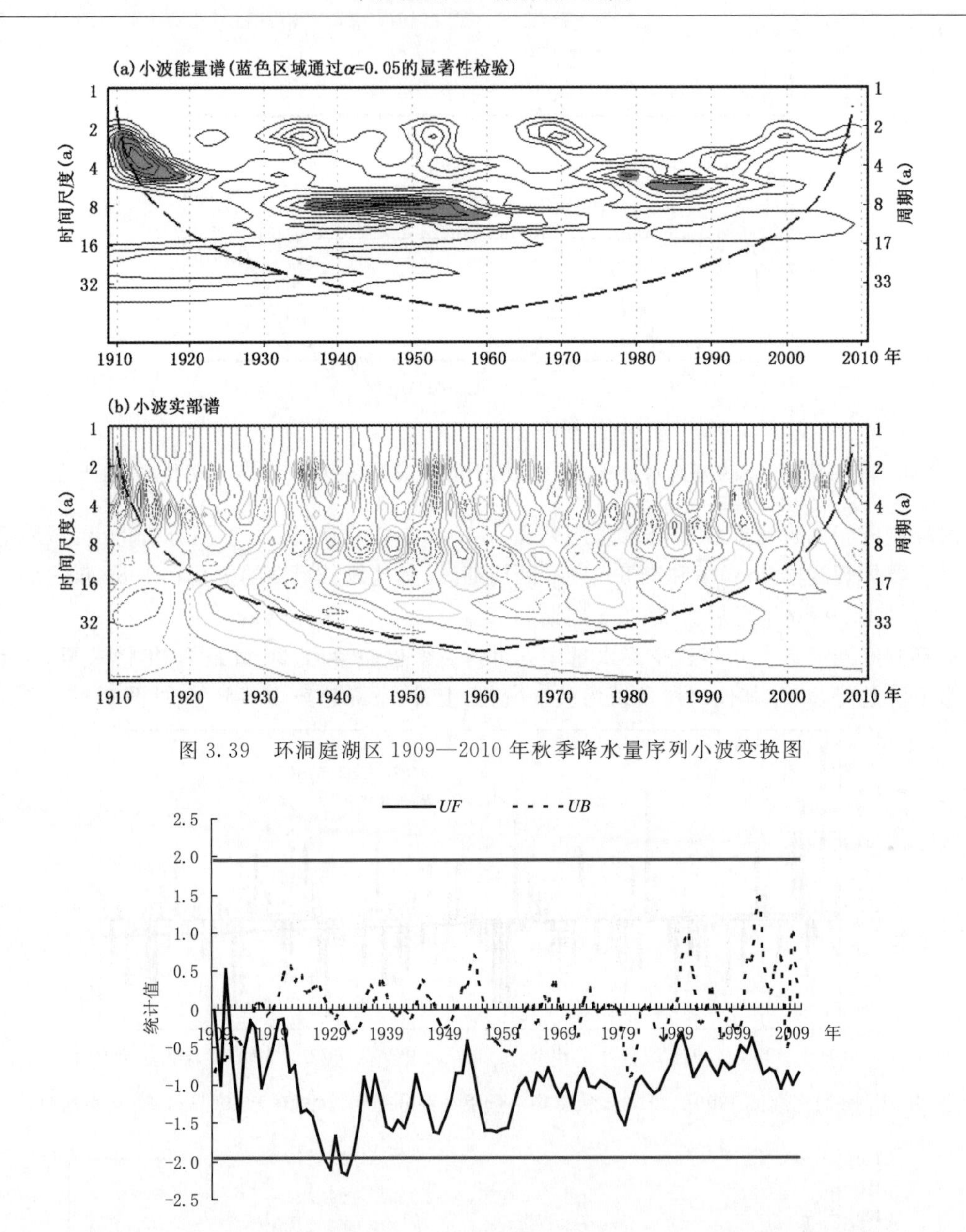

图 3.39 环洞庭湖区 1909—2010 年秋季降水量序列小波变换图

图 3.40 环洞庭湖区秋季降水量 M-K 统计量曲线(直线为 α=0.05 显著性水平临界值)

(2)降水日数

① 年降水日数

1961—2010 年环洞庭湖区年降水日数变化趋势不显著,年降水日数最多达 167.0d(1994 年),年降水日数最少为 122.4d(1986 年),见图 3.41。1961—2010 年环洞庭湖区 21 站中石首、临湘、沅江 3 站年降水日数呈较显著减少趋势,减少速率分别为 2.2d/10a、2.6d/10a 和 2.2d/10a,其余站年降水日数变化趋势均不显著,见表 3.4。

对环洞庭湖区近 50 年年降水日数序列做 Morlet 小波变换(图 3.42),分析得出:短周期振荡信号主要体现为准 2~4 a 和准 8~10 a 的周期波;其他较长尺度的振荡为准 20 a 左右的周期波。

对环洞庭湖区近50年年降水日数序列进行突变检验得出,20世纪70年代中期之前呈增多趋势,70年代中期至80年代末呈减少趋势,80年代末至21世纪初呈现为波动变化,2002年之后呈显著减少趋势,根据UF和UB曲线的交点,确定突变时间为2006年,见图3.43。

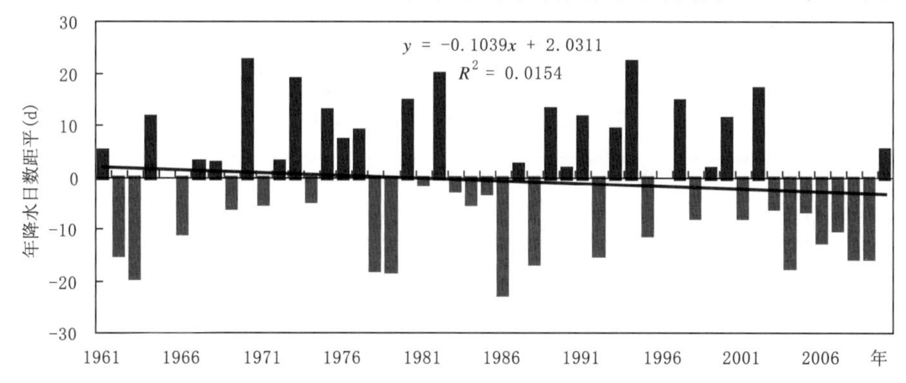

图3.41　环洞庭湖区1961—2010年年降水日数距平序列(相对于1961—1990年平均值)

表3.4　环洞庭湖区各台站1961—2010年年和四季降水日数线性倾向率及相关系数

(倾向率单位为d/10a)

	冬		春		夏		秋		年	
	倾向率	相关系数	倾向率	相关系数	倾向率	相关系数	倾向率	相关系数	倾向率	相关系数
松滋	1.3	0.3158	−0.9	0.2229	0.9	0.1818	−1.8	0.4051	−0.7	0.0851
石首	0.7	0.1502	−1.2	0.2520	0.6	0.1390	−2.2	0.4797	−2.2	0.2492
公安	0.9	0.2035	−1.3	0.2988	1.2	0.2456	−1.5	0.3537	−0.9	0.0933
岳阳	0.8	0.1721	−1.5	0.3505	0.9	0.1826	−1.8	0.3804	−1.9	0.1882
临湘	0.5	0.1124	−1.3	0.2754	0.6	0.1442	−2.2	0.4306	−2.6	0.2593
湘阴	1.4	0.2962	−1.0	0.2266	0.7	0.1272	−1.5	0.2721	−0.7	0.0640
华容	0.4	0.0974	−1.2	0.2511	1.4	0.2943	−1.5	0.3361	−1.2	0.1225
常德	0.9	0.2084	−1.3	0.2985	0.8	0.1817	−2.0	0.4300	−1.8	0.1922
汉寿	1.1	0.2508	−1.1	0.2416	1.0	0.2166	−1.7	0.3693	−0.9	0.0908
安乡	0.6	0.1305	−0.9	0.1957	0.9	0.1913	−1.5	0.3671	−1.0	0.1101
澧县	0.7	0.1424	−1.5	0.3242	1.0	0.2236	−2.0	0.4253	−2.1	0.2202
桃源	0.9	0.2138	−0.9	0.2100	1.2	0.2414	−2.3	0.4514	−1.2	0.1285
临澧	1.4	0.2971	−0.9	0.2039	1.1	0.2248	−1.3	0.3277	−0.5	0.0574
益阳	0.9	0.2128	−0.9	0.2334	0.7	0.1371	−1.8	0.3242	−1.4	0.1381
沅江	0.6	0.1478	−1.5	0.3467	0.8	0.1756	−2.0	0.3972	−2.2	0.2381
南县	0.9	0.1871	−1.2	0.2587	0.8	0.1993	−1.7	0.4033	−1.4	0.1491
桃江	0.7	0.1562	−0.8	0.2253	0.6	0.1399	−2.2	0.4005	−2.2	0.2248
长沙	1.4	0.2905	−0.4	0.1011	1.1	0.2344	−1.7	0.2890	0.3	0.0270
宁乡	0.6	0.1352	−1.1	0.2577	0.6	0.1187	−2.2	0.3815	−2.2	0.2281
湘潭	0.8	0.1866	−0.5	0.1273	1.1	0.2176	−1.0	0.1574	0.4	0.0426
株洲	0.8	0.1724	−0.8	0.1872	1.1	0.2317	−1.5	0.2593	−0.5	0.0462
平均	0.9	0.1942	−1.1	0.2423	0.9	0.1928	−1.8	0.3639	−1.3	0.1407

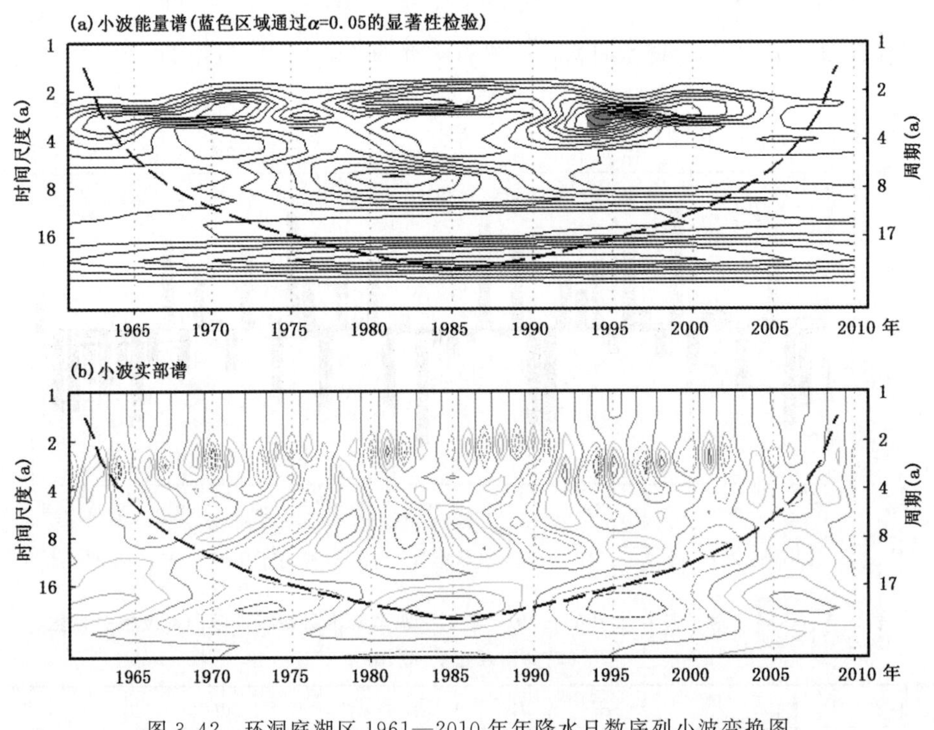

图 3.42 环洞庭湖区 1961—2010 年年降水日数序列小波变换图

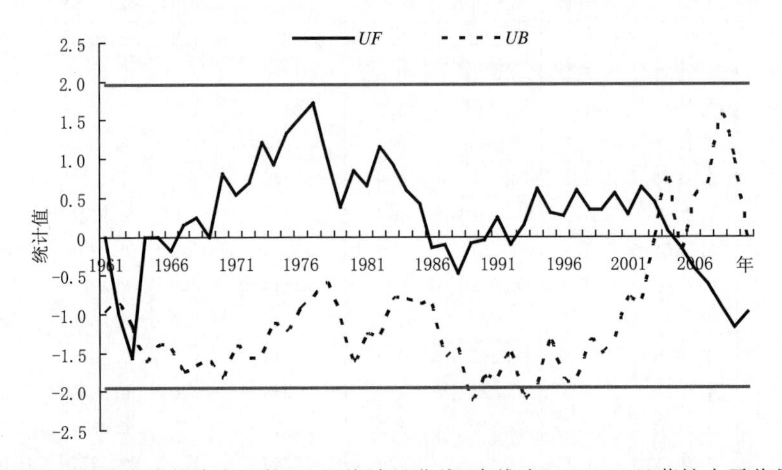

图 3.43 环洞庭湖区年降水日数 M-K 统计量曲线(直线为 $\alpha=0.05$ 显著性水平临界值)

②季降水日数

1961—2010 年环洞庭湖区冬季降水日数变化趋势不显著,冬季降水日数最多为 43.4d(1969 年),最少为 15.2d(1963 年),见图 3.44。1961—2010 年环洞庭湖区 21 站中,松滋、临澧、湘阴、长沙冬季降水日数呈显著增多趋势,汉寿呈较显著增多趋势,其余站变化趋势不显著,见表 3.4。

对环洞庭湖区近 50 年冬季降水日数序列做 Morlet 小波变换(图 3.45),分析得出:周期振荡信号主要体现为准 2 a 和准 6 a 的周期波,但周期信号不显著。

对环洞庭湖区近 50 年冬季降水日数序列进行突变检验得出,20 世纪 70 年代中期之前呈增多趋势，70 年代中期至 80 年代末呈减少趋势，其后呈现为波动性增加，无明显增多或减少的突变点存在，见图 3.46。

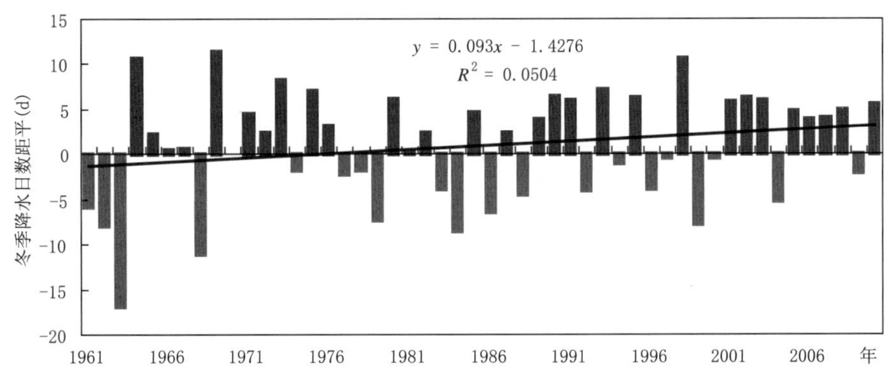

图 3.44　环洞庭湖区 1961—2010 年冬季降水日数距平序列（相对于 1961—1990 年平均值）

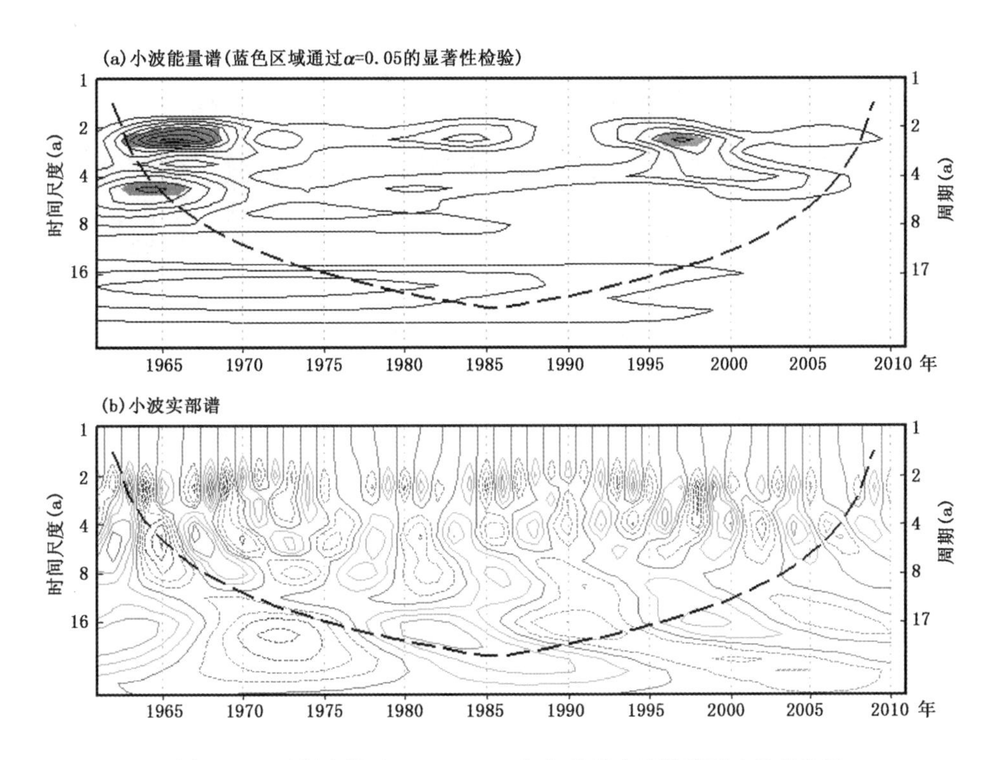

图 3.45　环洞庭湖区 1961—2010 年冬季降水日数序列小波变换图

1961—2010 年环洞庭湖区春季降水日数呈显著减少趋势（通过 $\alpha=0.05$ 显著性检验），减少速率为 1.1d/10a；春季降水日数最多为 59.9d（1973 年），最少为 35.1d（2006 年），见图 3.47。1961—2010 年环洞庭湖区 21 站中，公安、澧县、岳阳、临湘、常德、沅江春季降水日数呈显著减少趋势，石首、南县、华容、汉寿、益阳、宁乡呈较显著减少趋势，见表 3.4。

对环洞庭湖区近 50 年春季降水日数序列做 Morlet 小波变换（图 3.48），分析得出：周期振荡信号主要体现为准 2 a 和准 4 a 的周期波，以及 1990 年之后生成的准 10 a 周期波，其他较长尺度的振荡为准 20 a 左右的周期波。

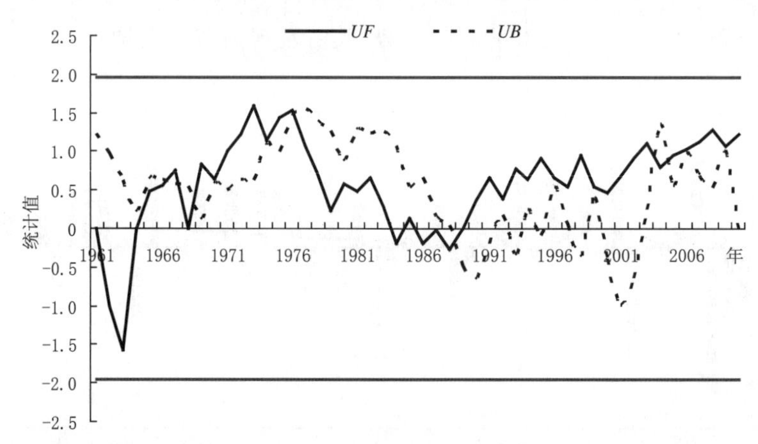

图 3.46 环洞庭湖区冬季降水日数 M-K 统计量曲线(直线为 $\alpha=0.05$ 显著性水平临界值)

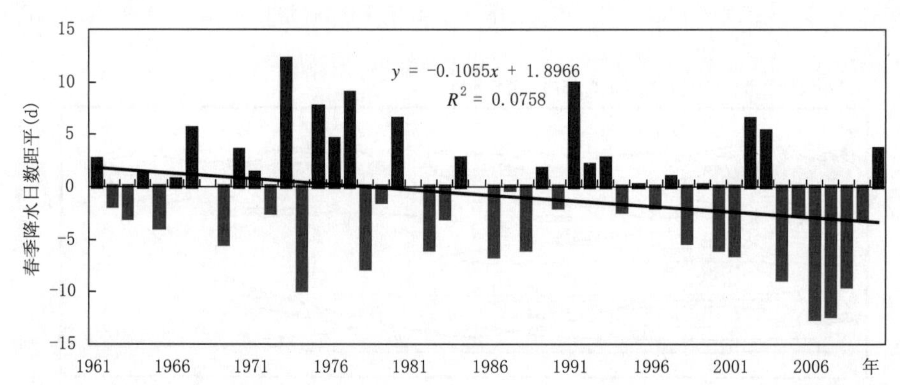

图 3.47 环洞庭湖区 1961—2010 年春季降水日数距平序列(相对于 1961—1990 年平均值)

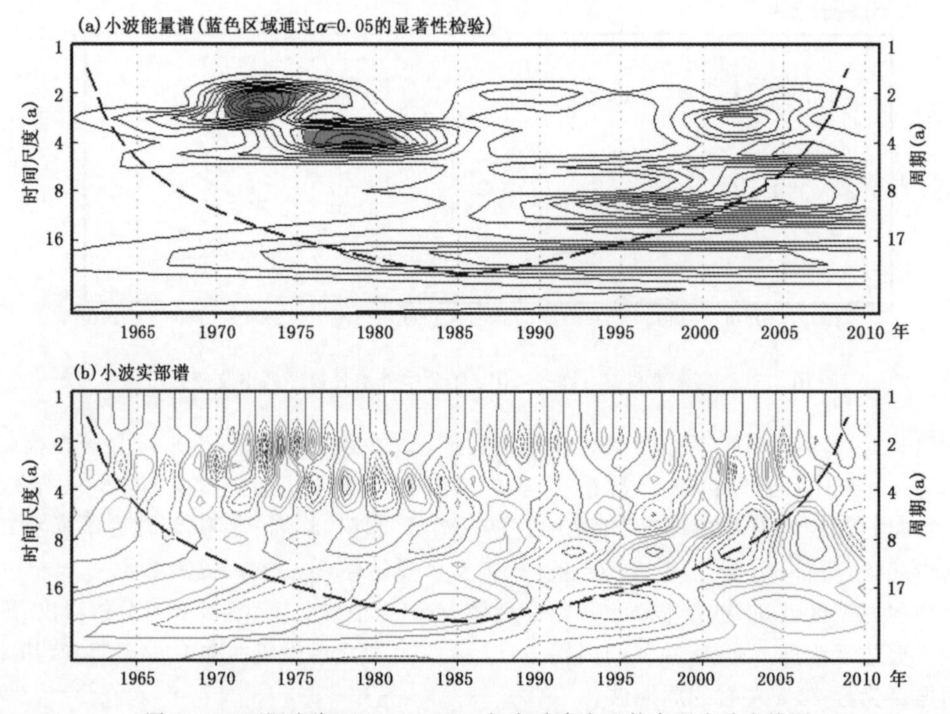

图 3.48 环洞庭湖区 1961—2010 年春季降水日数序列小波变换图

对环洞庭湖区近50年春季降水日数序列进行突变检验得出，20世纪70年代中期之前呈增多趋势，70年代中期之后呈减少趋势，并存在显著减少的突变，根据 UF 和 UB 曲线的交点，确定突变时间为2003年，见图3.49。

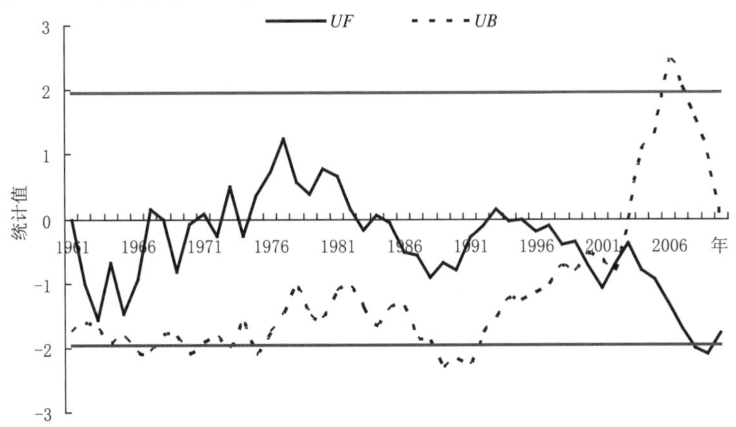

图3.49 环洞庭湖区春季降水日数曼—肯德尔统计量曲线（直线为 $\alpha=0.05$ 显著性水平临界值）

1961—2010年环洞庭湖区夏季降水日数呈较显著增多趋势（通过 $\alpha=0.10$ 显著性检验），增多速率为1.0d/10a；夏季降水日数最多为47.2d（1999年），最少为23.1d（1966年），见图3.50。1961—2010年环洞庭湖区21站中，华容夏季降水日数呈显著增多趋势，公安、桃源、长沙、株洲呈较显著增多趋势，其余站变化趋势不显著，见表3.4。

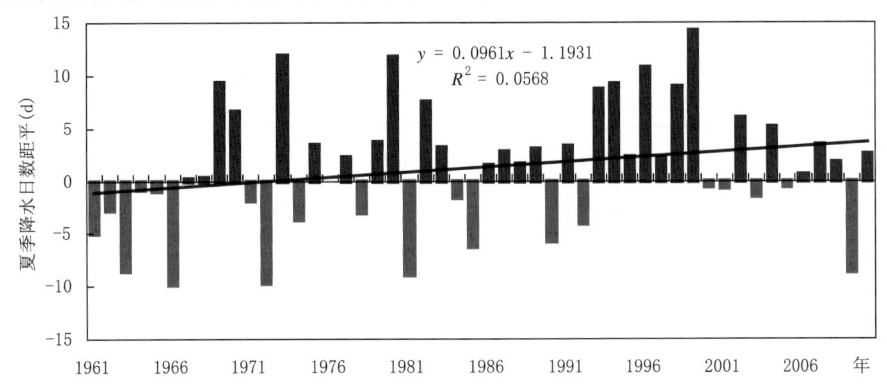

图3.50 环洞庭湖区1961—2010年夏季降水日数距平序列（相对于1961—1990年平均值）

对环洞庭湖区近50年夏季降水日数序列做Morlet小波变换（图3.51），分析得出：周期振荡信号主要体现为准2 a和准4 a的周期波，其他较长尺度的振荡为准20 a左右的周期波。

对环洞庭湖区近50年夏季降水日数序列进行突变检验得出，20世纪60年代中期至70年代初期呈显著增多趋势，并达到突变标准，根据 UF 和 UB 曲线的交点，确定突变时间为1967年；其后以波动变化为主，见图3.52。

1961—2010年环洞庭湖区秋季降水日数呈极显著减少趋势（通过 $\alpha=0.01$ 显著性检验），减少速率为1.7d/10a；秋季降水日数最多为42.9d（1981年），最少为16.5d（1979年），见图3.53。1961—2010年环洞庭湖区21站中，松滋、澧县、石首、南县、安乡、岳阳、临湘、桃源、常德、汉寿、桃江、沅江、宁乡13站秋季降水日数呈极显著减少趋势，公安、临澧、华容、益阳、长沙呈显著减少趋势，湘阴、株洲呈较显著减少趋势。

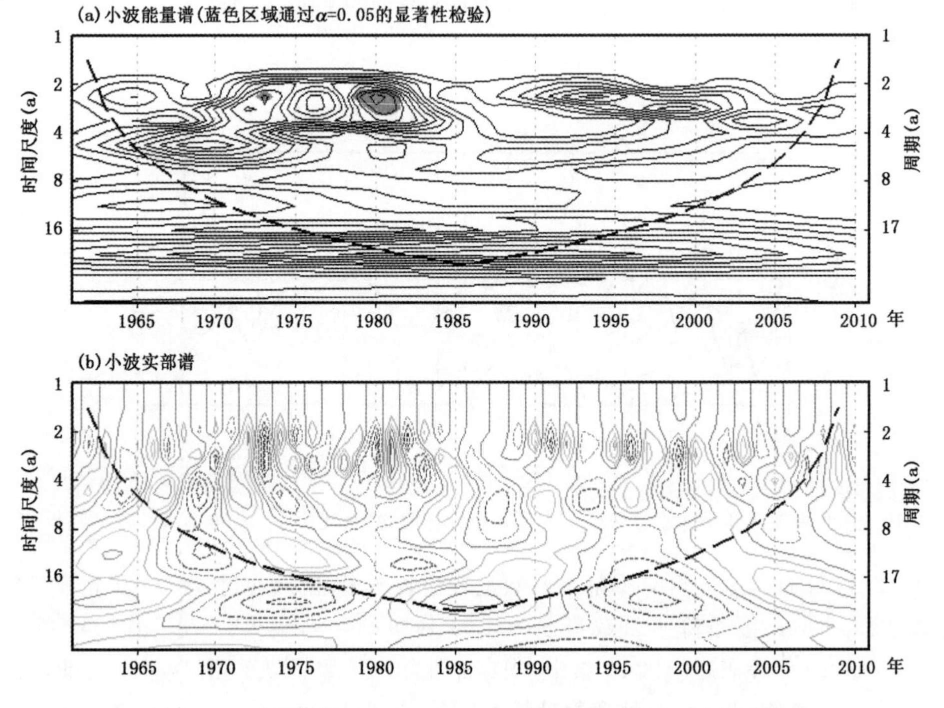

图 3.51 环洞庭湖区 1961—2010 年夏季降水日数序列小波变换图

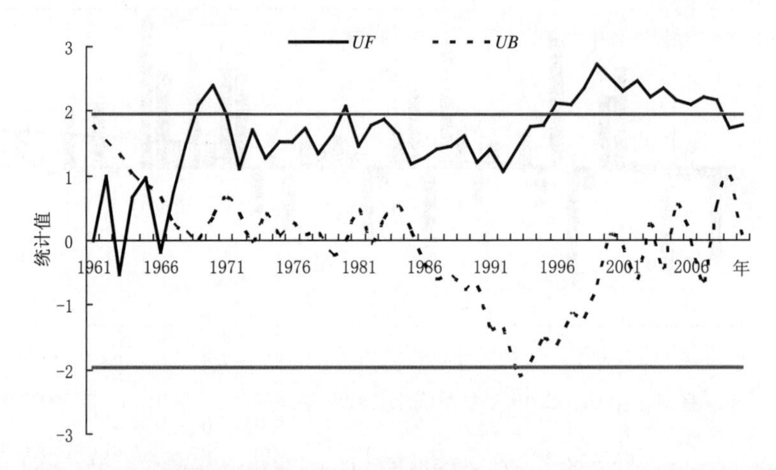

图 3.52 环洞庭湖区夏季降水日数 M-K 统计量曲线(直线为 α=0.05 显著性水平临界值)

对环洞庭湖区近 50 年秋季降水日数序列做 Morlet 小波变换(图 3.54)，分析得出：周期振荡信号主要体现为准 2 a 和准 4 a 的周期波，但周期信号不显著。

对环洞庭湖区近 50 年秋季降水日数序列进行突变检验得出，20 世纪 80 年代初之前呈波动变化，之后呈减少趋势，并达到突变标准，根据 *UF* 和 *UB* 曲线的交点，确定突变时间为 1990 年，见图 3.55。

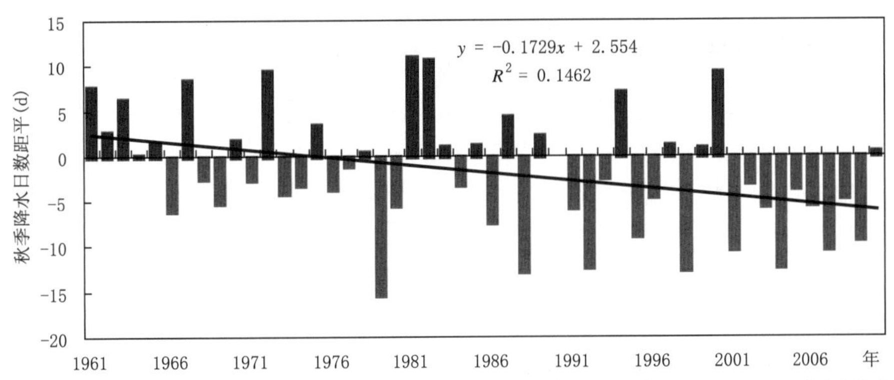

图 3.53 环洞庭湖区 1961—2010 年秋季降水日数距平序列(相对于 1961—1990 年平均值)

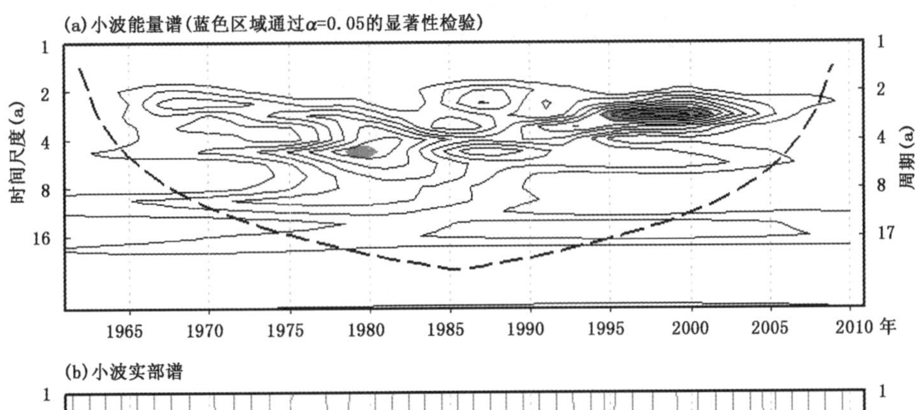

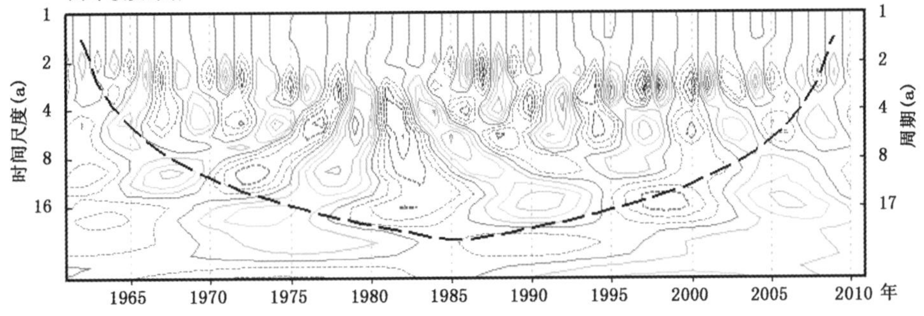

图 3.54 环洞庭湖区 1961—2010 年秋季降水日数序列小波变换图

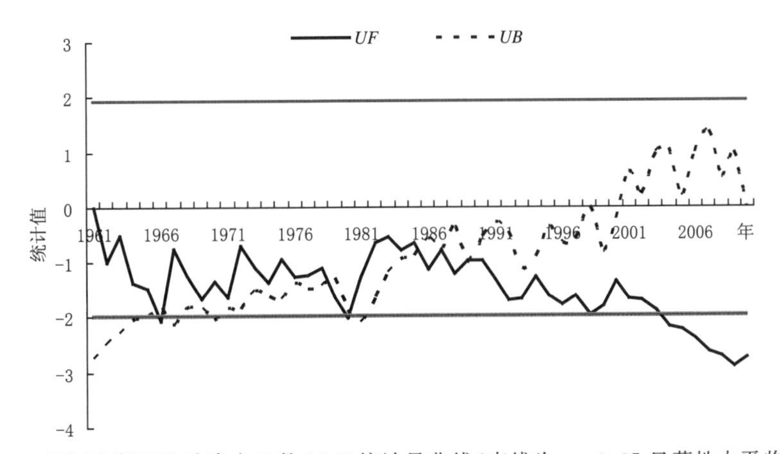

图 3.55 环洞庭湖区秋季降水日数 M-K 统计量曲线(直线为 α=0.05 显著性水平临界值)

3.1.3 日照时数变化事实

1961—2010年环洞庭湖区年日照时数呈极显著减少趋势(通过 $\alpha=0.01$ 显著性检验),减少速率为42.4h/10a(图3.56)。1961—2010年环洞庭湖区21站中,松滋、公安、澧县、石首、南县、华容、临湘、桃源、桃江、沅江、湘潭11站年日照时数呈极显著减少趋势,汉寿、益阳2站呈显著减少趋势,株洲呈较显著减少趋势,见表3.5。

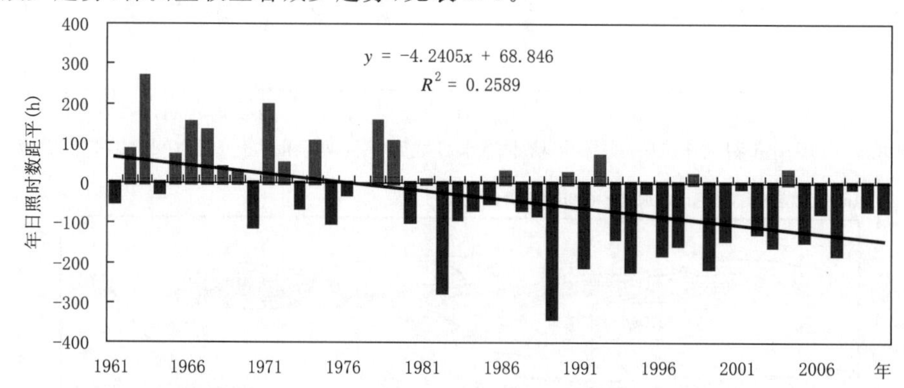

图3.56 环洞庭湖区1961—2010年年日照时数距平序列(相对于1961—1990年平均值)

表3.5 环洞庭湖区各台站1961—2010年年和四季日照时数线性倾向率及相关系数(倾向率单位为h/10a)

	冬		春		夏		秋		年	
	倾向率	相关系数	倾向率	相关系数	倾向率	相关系数	倾向率	相关系数	倾向率	相关系数
松滋	−19.3	0.4420	−2.9	0.0885	−45.4	0.6058	−9.2	0.2229	−76.0	0.6131
石首	−18.0	0.3927	−2.3	0.0651	−42.4	0.6312	−4.3	0.1132	−65.5	0.5956
公安	−20.1	0.4550	0.2	0.0054	−47.0	0.6767	−8.2	0.2073	−73.9	0.6882
岳阳	−14.7	0.3424	11.0	0.2216	−18.7	0.2624	3.2	0.0671	−17.7	0.1320
临湘	−13.7	0.3253	−4.5	0.1287	−44.7	0.6275	−13.4	0.2824	−76.5	0.6164
湘阴	−5.7	0.1444	9.4	0.1852	−26.3	0.3684	3.7	0.0904	−16.7	0.1271
华容	−17.6	0.4206	3.2	0.0960	−35.8	0.4700	−7.3	0.1764	−61.6	0.5159
常德	−9.5	0.2203	8.8	0.2389	−24.7	0.3562	5.9	0.1399	−18.1	0.1530
汉寿	−11.6	0.3129	6.3	0.2093	−28.1	0.4578	4.1	0.0973	−27.1	0.3348
安乡	−6.2	0.1463	13.8	0.3277	−22.7	0.3277	7.5	0.1849	−15.4	0.1578
澧县	−19.6	0.4372	3.6	0.1088	−33.1	0.4874	−1.7	0.0412	−49.5	0.4536
桃源	−12.3	0.3085	−1.8	0.0508	−31.2	0.4734	0.1	0.0030	−43.4	0.4132
临澧	−6.2	0.1672	14.9	0.3893	−16.3	0.2755	11.3	0.2771	5.6	0.0618
益阳	−14.0	0.3546	4.8	0.1209	−28.9	0.4403	−3.3	0.0729	−38.9	0.3279
沅阳	−16.5	0.3969	−0.6	0.0196	−35.8	0.5189	−9.8	0.2317	−64.6	0.5919
南县	−18.2	0.4230	−3.9	0.1207	−46.4	0.6365	−10.4	0.2219	−77.6	0.6539
桃江	−14.7	0.3924	−5.3	0.1752	−46.7	0.6491	−12.0	0.2867	−76.5	0.6659
长沙	−8.8	0.2155	6.3	0.1467	−23.1	0.3436	−0.2	0.0036	−27.6	0.2211
宁乡	−6.5	0.1614	12.4	0.2946	−17.7	0.2942	−0.3	0.0068	−8.0	0.0725
湘潭	−9.5	0.2245	1.0	0.0245	−29.9	0.4922	−3.4	0.0706	−41.1	0.4054
株洲	−9.4	0.2328	7.5	0.1986	−21.3	0.3512	−0.5	0.0121	−22.5	0.2372
平均	−13.0	0.3103	3.9	0.1531	−31.7	0.4641	−2.3	0.1338	−42.5	0.3828

对环洞庭湖区近50年年日照时数序列进行突变检验得出，环洞庭湖区年日照时数序列存在显著减少的突变点，根据*UF*和*UB*曲线的交点，突变时间为1979年，见图3.57。

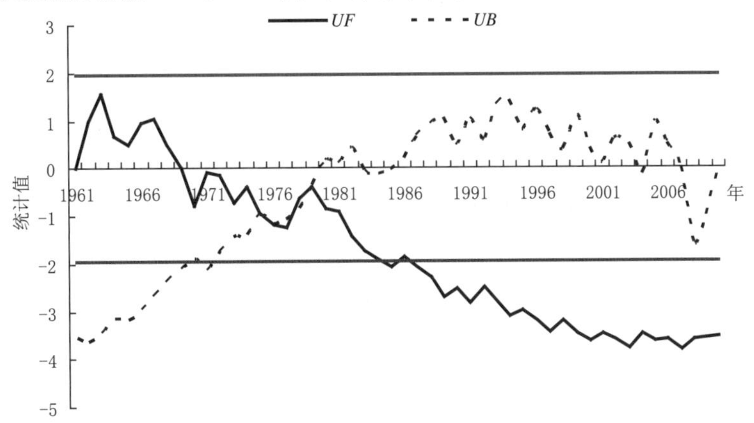

图3.57　环洞庭湖区年日照时数M-K统计量曲线（直线为$\alpha=0.05$显著性水平临界值）

1961—2010年环洞庭湖区冬季日照时数呈显著减少趋势（通过$\alpha=0.05$显著性检验），减少速率为13.2h/10a（图3.58）。1961—2010年环洞庭湖区21站中，松滋、公安、澧县、石首、南县、华容、桃江、沅江、益阳9站冬季日照时数呈极显著减少趋势，岳阳、临湘、桃源、汉寿4站呈显著减少趋势，株洲呈较显著减少趋势，见表3.5。

对环洞庭湖区近50年冬季日照时数序列进行突变检验得出，20世纪60年代初以来环洞庭湖区冬季日照时数一直呈波动减少趋势，并存在显著减少的突变点，根据*UF*和*UB*曲线的交点，确定突变时间为1980年，见图3.59。

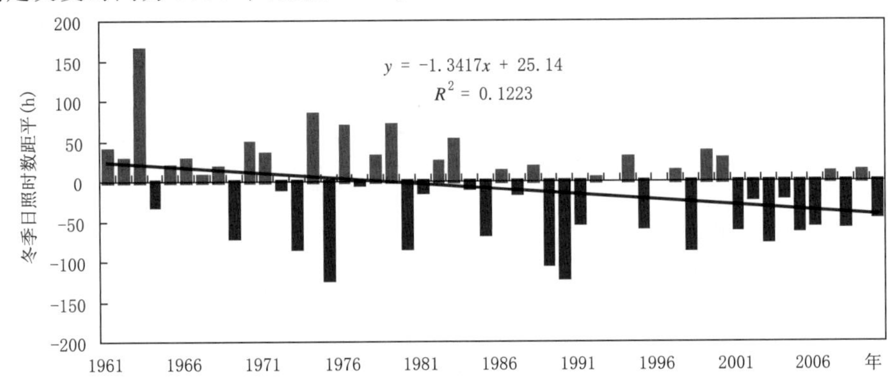

图3.58　环洞庭湖区1961—2010年冬季日照时数距平序列（相对于1961—1990年平均值）

1961—2010年环洞庭湖区春季日照时数变化趋势不显著（图3.60）。1961—2010年环洞庭湖区21站中，临澧春季日照时数呈极显著增加趋势，安乡、宁乡2站呈显著增加趋势，常德呈较显著增加趋势，见表3.5。

对环洞庭湖区近50年春季日照时数序列进行突变检验得出，20世纪90年代初以前环洞庭湖区春季日照时数一直呈波动减少趋势，之后呈波动增加趋势，并存在显著减少的突变点和显著增多的突变点，根据*UF*和*UB*曲线的交点，确定显著减少的突变时间为1966年，显著增多的突变时间为2004年，见图3.61。

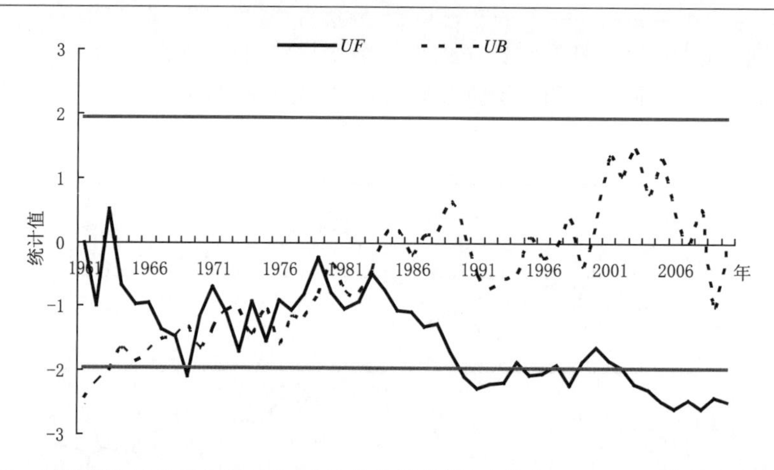

图 3.59 环洞庭湖区冬季日照时数 M-K 统计量曲线(直线为 $\alpha=0.05$ 显著性水平临界值)

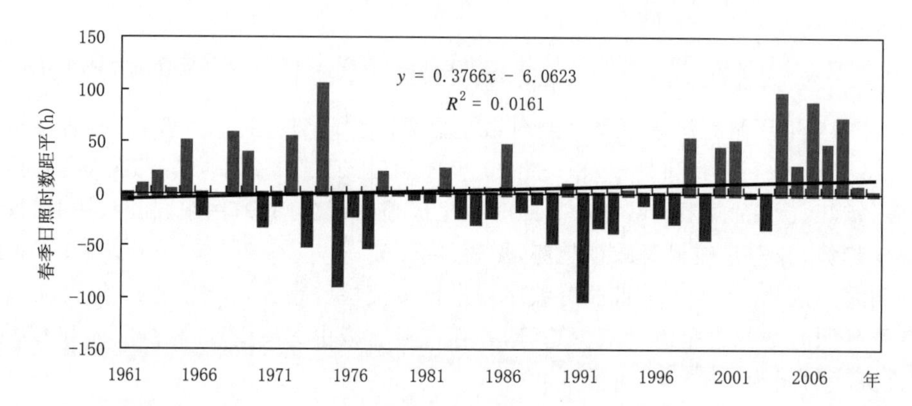

图 3.60 环洞庭湖区 1961—2010 年春季日照时数距平序列(相对于 1961—1990 年平均值)

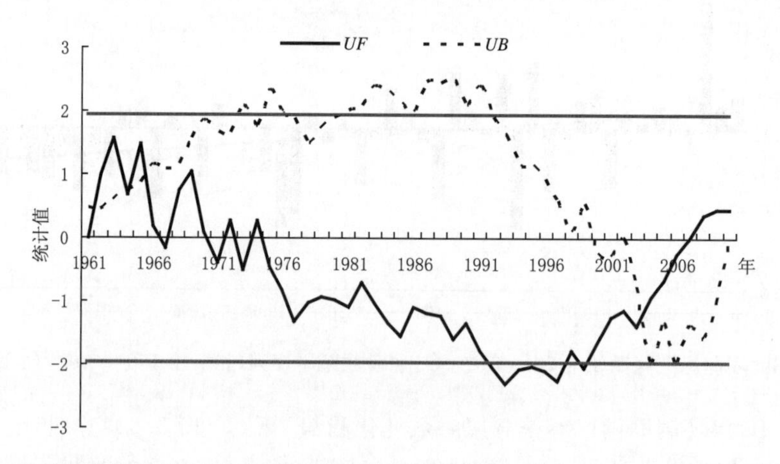

图 3.61 环洞庭湖区春季日照时数 M-K 统计量曲线(直线为 $\alpha=0.05$ 显著性水平临界值)

1961—2010 年环洞庭湖区夏季日照时数呈极显著减少趋势(通过 $\alpha=0.01$ 显著性检验),减少速率为 31.6h/10a(图 3.62)。1961—2010 年环洞庭湖区 21 站中,松滋、公安、澧县、石首、南县、华容、临湘、桃源、常德、汉寿、桃江、沅江、湘阴、益阳、湘潭 15 站夏季日照时数呈极显著减少趋势,临澧、安乡、宁乡、马坡岭、株洲 5 站呈显著减少趋势,岳阳呈较显著减少趋势,见表 3.5。

对环洞庭湖区近 50 年夏季日照时数序列进行突变检验得出，20 世纪 60 年代初以来环洞庭湖区冬季日照时数一直呈减少趋势，并存在显著减少的突变点，根据 *UF* 和 *UB* 曲线的交点，确定突变时间为 1976 年，见图 3.63。

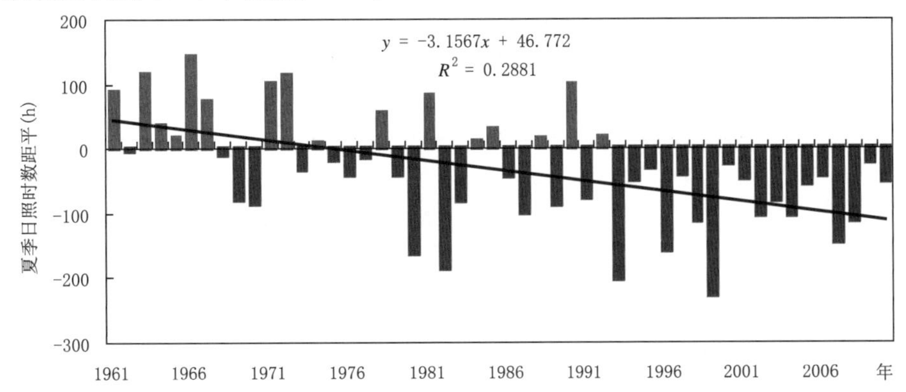

图 3.62　环洞庭湖区 1961—2010 年夏季日照时数距平序列(相对于 1961—1990 年平均值)

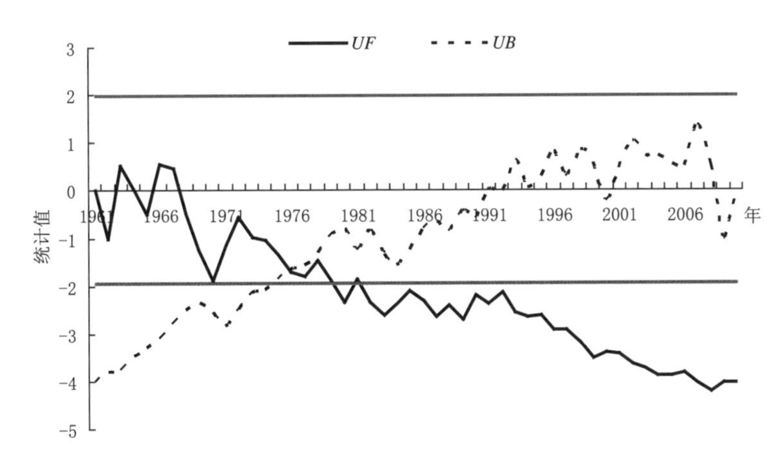

图 3.63　环洞庭湖区夏季日照时数 M-K 统计量曲线(直线为 $\alpha=0.05$ 显著性水平临界值)

1961—2010 年环洞庭湖区秋季日照时数变化趋势不显著(图 3.64)。1961—2010 年环洞庭湖区 21 站中，临澧秋季日照时数呈显著增加趋势，桃江、临湘 2 站呈显著减少趋势，沅江呈较显著减少趋势，见表 3.5。

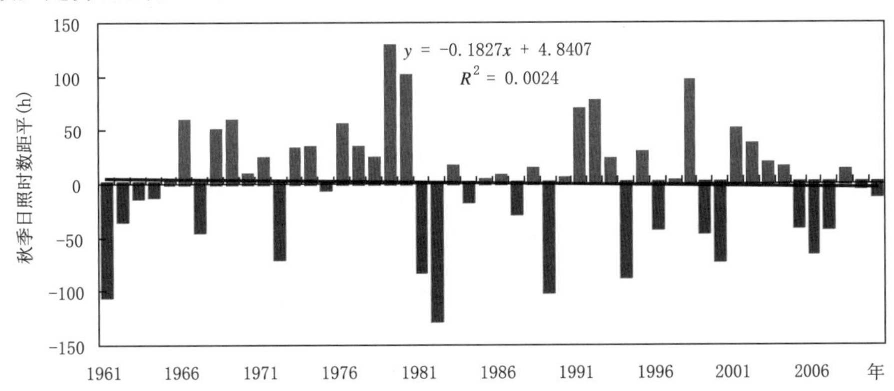

图 3.64　环洞庭湖区 1961—2010 年秋季日照时数距平序列(相对于 1961—1990 年平均值)

对环洞庭湖区近50年秋季日照时数序列进行突变检验得出，20世纪60年代中期以前环洞庭湖区秋季日照时数呈增加趋势，其后呈波动状态，到20世纪70年代末开始呈减少趋势，但无明显增多或减少的突变点存在，见图3.65。

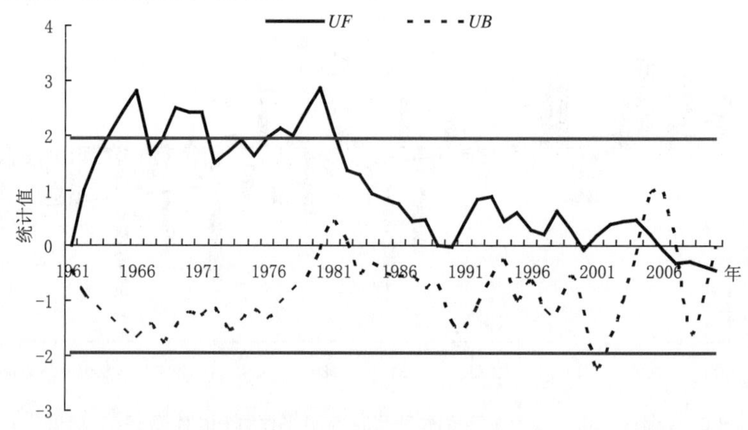

图3.65　环洞庭湖区秋季日照时数M-K统计量曲线（直线为α=0.05显著性水平临界值）

3.1.4　风速变化事实

1961—2010年环洞庭湖区年平均风速呈极显著减小趋势（通过α=0.01显著性检验），减小速率为0.22(m/s)/10a（图3.66）。1961—2010年环洞庭湖区21站中，湘潭年平均风速变化趋势不显著，其余20站均呈极显著减小趋势，见表3.6。

对环洞庭湖区近50年年平均风速序列进行突变检验得出，20世纪60年代初以来环洞庭湖区年平均风速一直呈减小趋势，并存在显著减小的突变点，根据*UF*和*UB*曲线的交点，确定突变时间为1982年，见图3.67。

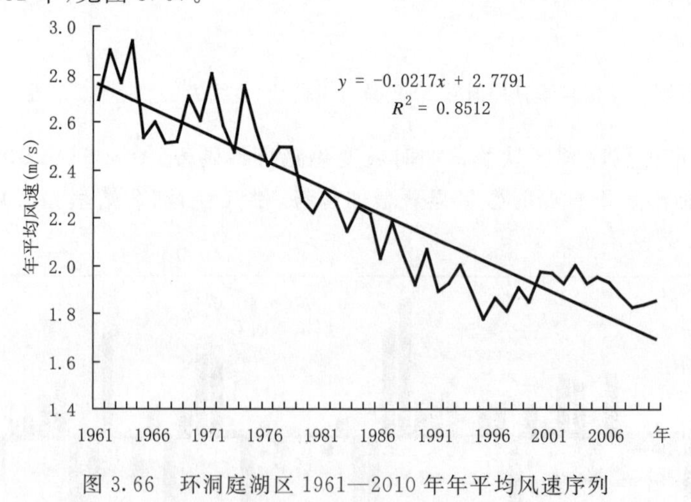

图3.66　环洞庭湖区1961—2010年年平均风速序列

1961—2010年环洞庭湖区冬季平均风速呈极显著减小趋势（通过α=0.01显著性检验），减小速率为0.22(m/s)/10a（图3.68）。1961—2010年环洞庭湖区21站中，湘潭冬季平均风速变化趋势不显著，公安呈显著减小趋势，其余19站均呈极显著减小趋势，见表3.6。

表 3.6 环洞庭湖区各台站 1961—2010 年年和四季平均风速线性倾向率及相关系数(倾向率单位为(m/s)/10a)

	冬		春		夏		秋		年	
	倾向率	相关系数	倾向率	相关系数	倾向率	相关系数	倾向率	相关系数	倾向率	相关系数
松滋	−0.20	0.6817	−0.19	0.6770	−0.16	0.5596	−0.21	0.7148	−0.19	0.7291
石首	−0.28	0.6774	−0.26	0.6503	−0.24	0.5811	−0.29	0.6372	−0.27	0.6728
公安	−0.11	0.3526	−0.15	0.4261	−0.14	0.3767	−0.09	0.2354	−0.12	0.3814
岳阳	−0.08	0.4059	−0.08	0.3751	−0.10	0.4985	−0.10	0.5180	−0.09	0.5712
临湘	−0.34	0.8397	−0.27	0.8192	−0.23	0.7220	−0.30	0.8311	−0.29	0.8657
湘阴	−0.26	0.7616	−0.25	0.7260	−0.19	0.6091	−0.30	0.7475	−0.25	0.7916
华容	−0.47	0.9023	−0.47	0.8793	−0.38	0.8650	−0.42	0.8165	−0.44	0.9035
常德	−0.16	0.6260	−0.17	0.7097	−0.12	0.5385	−0.16	0.6286	−0.15	0.7020
汉寿	−0.36	0.8365	−0.41	0.8649	−0.34	0.8340	−0.40	0.8211	−0.37	0.8639
安乡	−0.32	0.8750	−0.33	0.8511	−0.20	0.7203	−0.31	0.7629	−0.28	0.8712
澧县	−0.18	0.7152	−0.21	0.7607	−0.24	0.7271	−0.22	0.7149	−0.21	0.8180
桃源	−0.26	0.8422	−0.29	0.8552	−0.25	0.8124	−0.29	0.8081	−0.27	0.8796
临澧	−0.27	0.7568	−0.31	0.8440	−0.30	0.7358	−0.33	0.8025	−0.31	0.8609
益阳	−0.28	0.7808	−0.28	0.7646	−0.21	0.6666	−0.22	0.6858	−0.24	0.7887
沅江	−0.31	0.7335	−0.27	0.8146	−0.19	0.7786	−0.32	0.8157	−0.28	0.8588
南县	−0.36	0.8235	−0.35	0.8568	−0.21	0.8034	−0.30	0.8417	−0.34	0.9029
桃江	−0.14	0.6583	−0.16	0.7039	−0.13	0.6218	−0.15	0.7501	−0.15	0.7769
长沙	−0.20	0.5568	−0.24	0.6722	−0.18	0.5142	−0.23	0.6382	−0.22	0.6419
宁乡	−0.23	0.6520	−0.20	0.6948	−0.11	0.4469	−0.22	0.7100	−0.19	0.7269
湘潭	0.02	0.0872	0.00	0.0036	0.02	0.1005	−0.04	0.1791	0.00	0.0046
株洲	−0.15	0.5536	−0.14	0.6078	−0.09	0.4492	−0.16	0.6416	−0.14	0.6755
平均	−0.24	0.6723	−0.24	0.6932	−0.19	0.6172	−0.24	0.6810	−0.23	0.7280

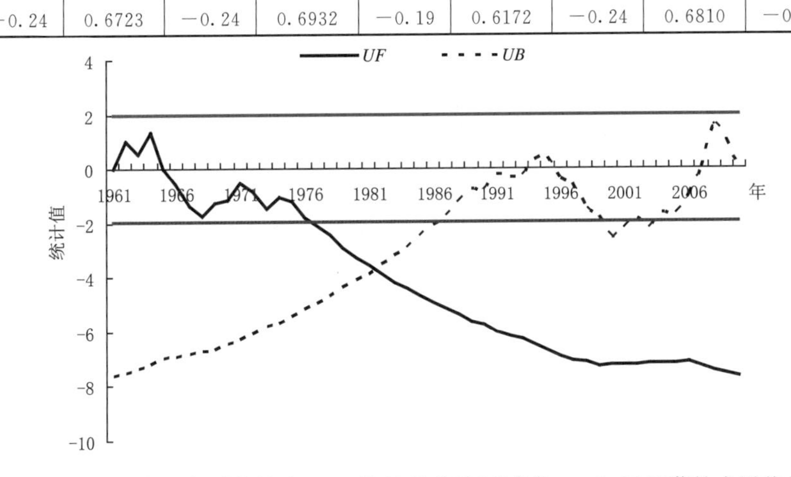

图 3.67 环洞庭湖区年平均风速 M-K 统计量曲线(直线为 α=0.05 显著性水平临界值)

对环洞庭湖区近 50 年冬季平均风速序列进行突变检验得出,20 世纪 70 年代中期以前环洞庭湖区冬季平均风速呈波动状态,其后呈减小趋势,并存在显著减小的突变点,根据 *UF* 和 *UB* 曲线的交点,确定突变时间为 1985 年,见图 3.69。

1961—2010 年环洞庭湖区春季平均风速呈极显著减小趋势(通过 α=0.01 显著性检验),减小速率为 0.23(m/s)/10a(图 3.70)。1961—2010 年环洞庭湖区 21 站中,湘潭春季平均风速变化趋势不显著,其余 20 站均呈极显著减小趋势,见表 3.6。

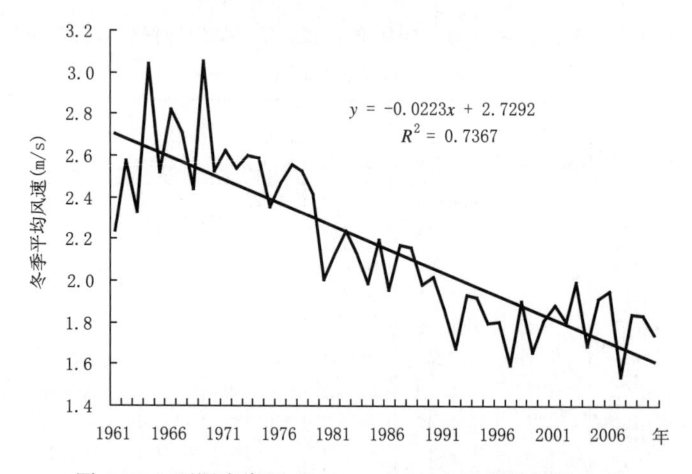

图 3.68 环洞庭湖区 1961—2010 年冬季平均风速序列

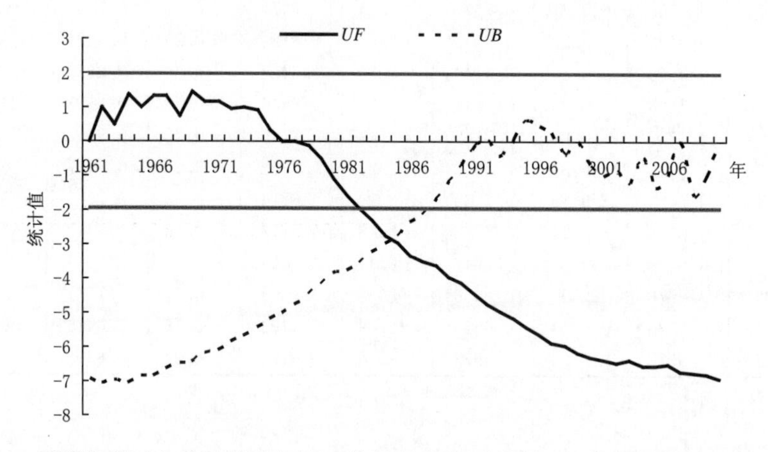

图 3.69 环洞庭湖区冬季平均风速 M-K 统计量曲线(直线为 α=0.05 显著性水平临界值)

对环洞庭湖区近 50 年春季平均风速序列进行突变检验得出,20 世纪 60 年代初以来环洞庭湖区春季平均风速一直呈减小趋势,并存在显著减小的突变点,根据 *UF* 和 *UB* 曲线的交点,确定突变时间为 1983 年,见图 3.71。

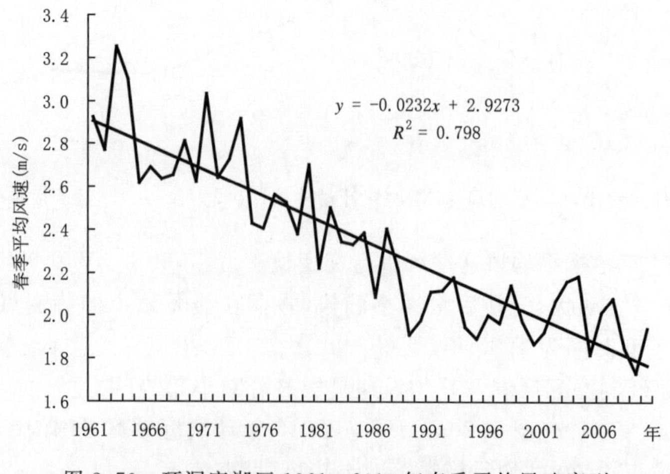

图 3.70 环洞庭湖区 1961—2010 年春季平均风速序列

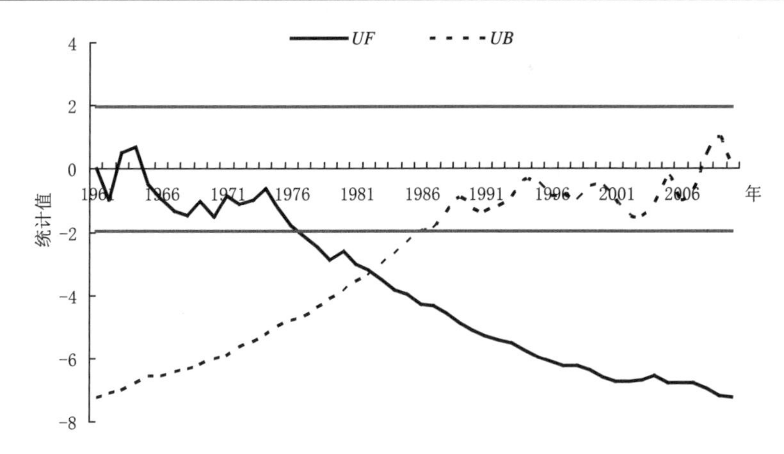

图 3.71　环洞庭湖区春季平均风速 M-K 统计量曲线(直线为 $\alpha=0.05$ 显著性水平临界值)

1961—2010 年环洞庭湖区夏季平均风速呈极显著减小趋势(通过 $\alpha=0.01$ 显著性检验),减小速率为 0.18(m/s)/10a(图 3.72)。1961—2010 年环洞庭湖区 21 站中,湘潭夏季平均风速变化趋势不显著,其余 20 站均呈极显著减小趋势,见表 3.6。

对环洞庭湖区近 50 年夏季平均风速序列进行突变检验得出,20 世纪 70 年代中期以前夏季平均风速呈波动状态,其后呈减小趋势,并存在显著减小的突变点,根据 *UF* 和 *UB* 曲线的交点,确定突变点时间为 1982 年,见图 3.73。

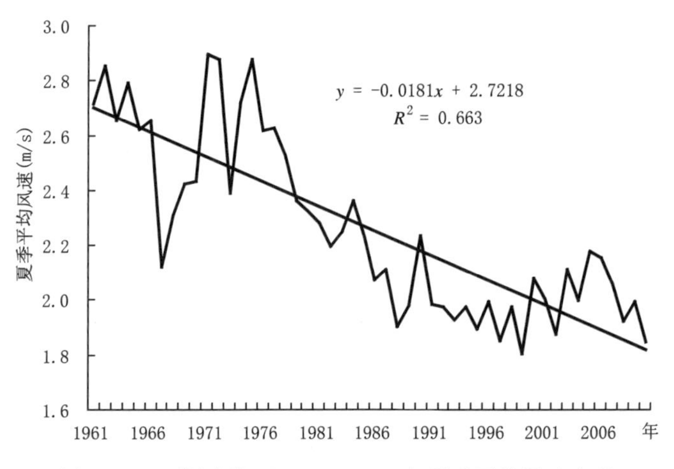

图 3.72　环洞庭湖区 1961—2010 年夏季平均风速序列

1961—2010 年环洞庭湖区秋季平均风速呈极显著减小趋势(通过 $\alpha=0.01$ 显著性检验),减小速率为 0.24(m/s)/10a(图 3.74)。1961—2010 年环洞庭湖区 21 站中,湘潭秋季平均风速变化趋势不显著,公安呈较显著减小趋势,其余 19 站均呈极显著减小趋势,见表 3.6。

对环洞庭湖区近 50 年秋季平均风速序列进行突变检验得出,20 世纪 60 年代初以来环洞庭湖区秋季平均风速一直呈减小趋势,并存在显著减小的突变点,根据 *UF* 和 *UB* 曲线的交点,确定突变点时间为 1982 年,见图 3.75。

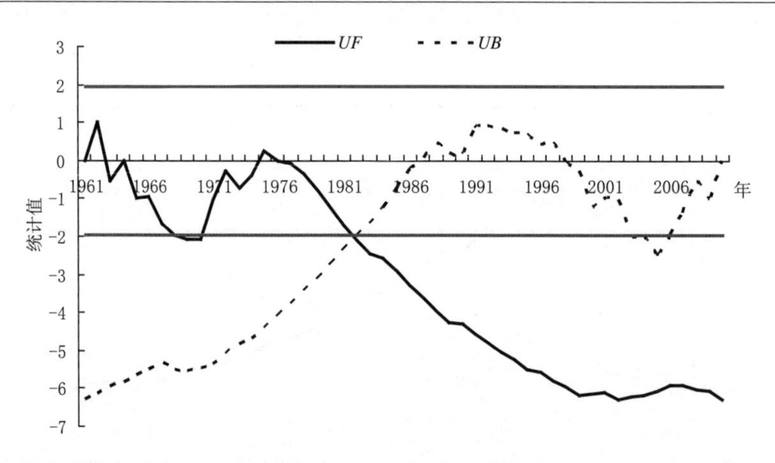

图 3.73 环洞庭湖区夏季平均风速 M-K 统计量曲线(直线为 $\alpha=0.05$ 显著性水平临界值)

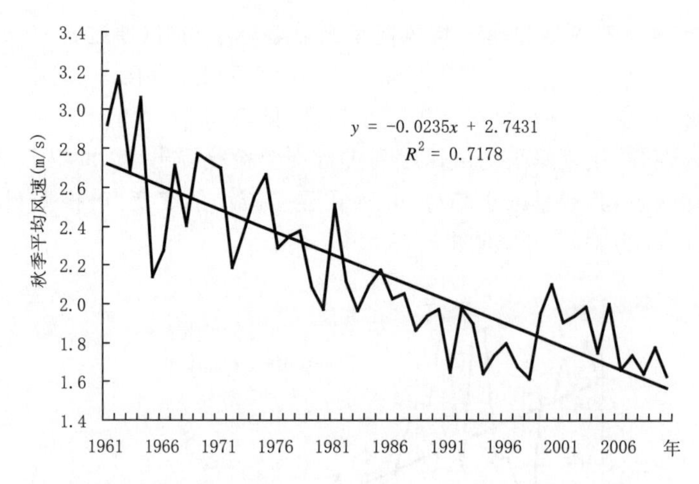

图 3.74 环洞庭湖区 1961—2010 年秋季平均风速序列

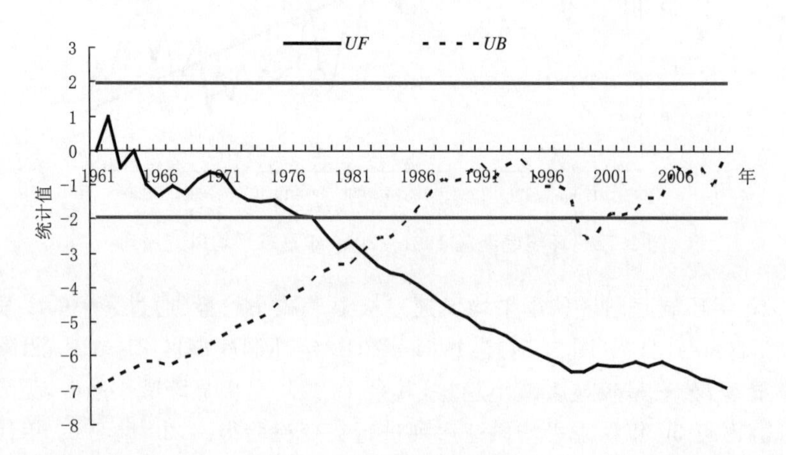

图 3.75 环洞庭湖区秋季平均风速 M-K 统计量曲线(直线为 $\alpha=0.05$ 显著性水平临界值)

3.1.5 湿度变化事实

1961—2010 年环洞庭湖区年平均相对湿度呈极显著减小趋势,减小速率为 0.8%/10a(图

3.76,通过 α=0.01 显著性检验);突变检验结果表明,年平均相对湿度减小的突变时间为2004 年(图 3.77)。1961—2010 年环洞庭湖区 21 站中松滋、公安、澧县、临澧、石首、南县、华容、安乡、岳阳、常德、汉寿、沅江、益阳、宁乡 14 站年平均相对湿度呈极显著减小趋势,临湘、桃源、桃江 3 站呈显著减小趋势,湘阴呈较显著减小趋势,见表 3.7。

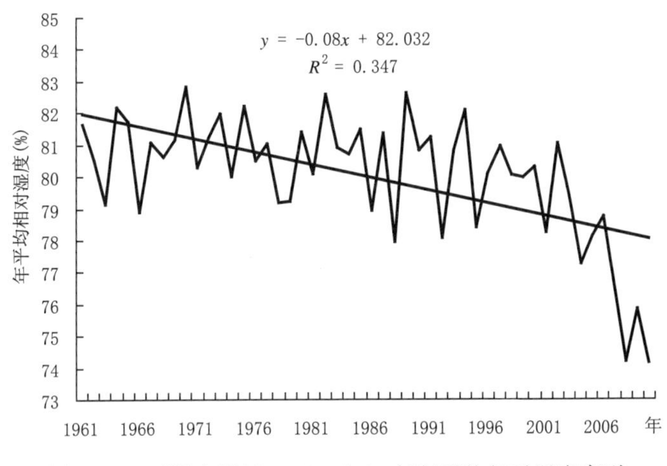

图 3.76 环洞庭湖区 1961—2010 年年平均相对湿度序列

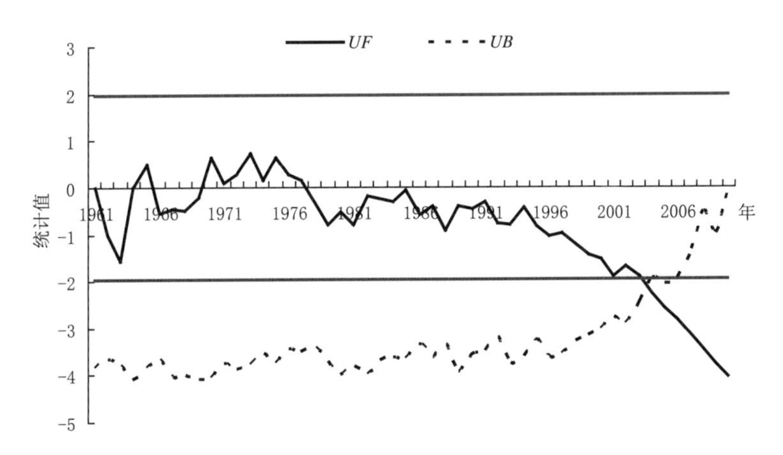

图 3.77 环洞庭湖区年平均相对湿度 M-K 统计量曲线(直线为 α=0.05 显著性水平临界值)

1961—2010 年环洞庭湖区冬季平均相对湿度呈较显著减小趋势,减小速率为 0.6%/10a(图 3.78,通过 α=0.10 显著性检验);突变检验结果表明,冬季平均相对湿度减小的突变时间为 2007 年(图 3.79)。1961—2010 年环洞庭湖区 21 站中松滋、公安、石首、南县、安乡、常德、沅江 6 站冬季平均相对湿度呈极显著减小趋势,临澧、汉寿、桃江、宁乡、长沙 5 站呈显著减小趋势,松滋、益阳 2 站呈较显著减小趋势,见表 3.7。

1961—2010 年环洞庭湖区春季平均相对湿度呈极显著减小趋势,减小速率为 1.3%/10a(图 3.80,通过 α=0.01 显著性检验);突变检验结果表明,春季平均相对湿度减小的突变时间为 1998 年(图 3.81)。1961—2010 年环洞庭湖区 21 站中株洲站呈显著减小趋势,长沙站呈较显著减小趋势,其余 21 站均呈极显著减小趋势,见表 3.7。

表 3.7 环洞庭湖区各台站 1961—2010 年年和四季平均相对湿度线性倾向率及相关系数

(倾向率单位为%/10a)

	冬		春		夏		秋		年	
	倾向率	相关系数	倾向率	相关系数	倾向率	相关系数	倾向率	相关系数	倾向率	相关系数
松滋	−0.8	0.2726	−1.9	0.7084	−0.3	0.1556	−1.6	0.5087	−1.2	0.6614
石首	−1.1	0.4244	−1.8	0.7156	−0.5	0.2937	−1.5	0.5942	−1.3	0.7235
公安	−1.4	0.4925	−2.1	0.8021	−0.5	0.3502	−2.0	0.7136	−1.5	0.8247
岳阳	0.0	0.0196	−1.3	0.6114	0.2	0.1002	−0.8	0.3519	−0.5	0.4487
临湘	−0.1	0.0195	−1.2	0.5213	−0.2	0.0953	−0.7	0.3051	−0.6	0.3426
湘阴	0.0	0.0140	−1.0	0.4938	0.1	0.0520	−0.5	0.1935	−0.3	0.2403
华容	−0.5	0.1874	−1.5	0.6772	−0.8	0.4204	−1.3	0.5034	−1.1	0.6351
常德	−1.0	0.3793	−2.1	0.7449	−1.1	0.4649	−1.9	0.6540	−1.6	0.7185
汉寿	−0.7	0.3064	−1.2	0.5610	−0.2	0.0855	−0.8	0.3808	−0.7	0.4534
安乡	−1.4	0.5452	−1.7	0.7139	−0.8	0.4931	−1.9	0.6806	−1.5	0.8009
澧县	−0.4	0.1720	−1.4	0.6367	0.2	0.0824	−0.9	0.3987	−0.6	0.4625
桃源	−0.2	0.1275	−0.9	0.5480	0.2	0.1299	−0.4	0.1960	−0.3	0.3204
临澧	−0.7	0.3457	−1.4	0.6374	−0.2	0.1354	−1.1	0.4632	−0.9	0.5645
益阳	−0.6	0.2487	−1.2	0.6127	−0.1	0.0449	−1.3	0.4844	−0.8	0.5269
沅江	−1.4	0.4991	−2.0	0.6957	−0.6	0.3006	−1.6	0.5997	−1.4	0.6941
南县	−1.0	0.4181	−1.5	0.6945	−0.5	0.3239	−1.2	0.5193	−1.1	0.7203
桃江	−0.7	0.3146	−1.2	0.5670	0.5	0.2308	−0.5	0.2597	−0.5	0.3372
长沙	0.7	0.3013	−0.4	0.2527	0.2	0.1142	−0.3	0.1312	0.0	0.0267
宁乡	−0.7	0.2778	−1.5	0.6021	−0.6	0.2807	−1.3	0.4397	−1.1	0.5274
湘潭	−0.3	0.1682	−0.5	0.4110	0.9	0.4746	−0.5	0.1940	−0.1	0.0986
株洲	0.4	0.1664	−0.6	0.3035	0.4	0.1945	−0.3	0.1215	−0.1	0.0369
平均	−0.6	0.2714	−1.4	0.5958	−0.2	0.2297	−1.1	0.4140	−0.8	0.4840

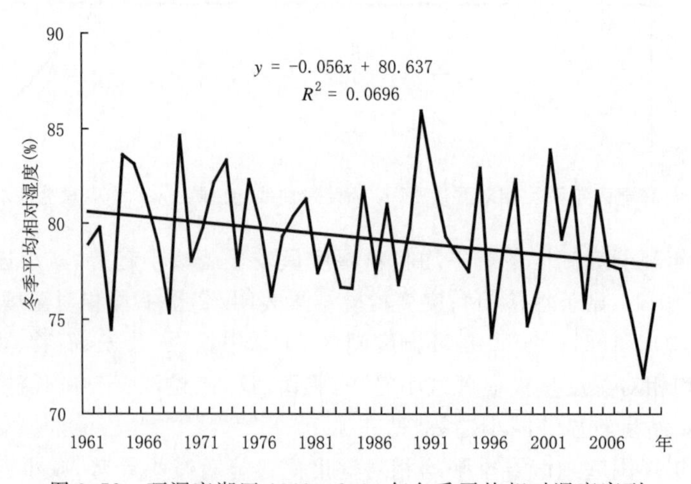

图 3.78 环洞庭湖区 1961—2010 年冬季平均相对湿度序列

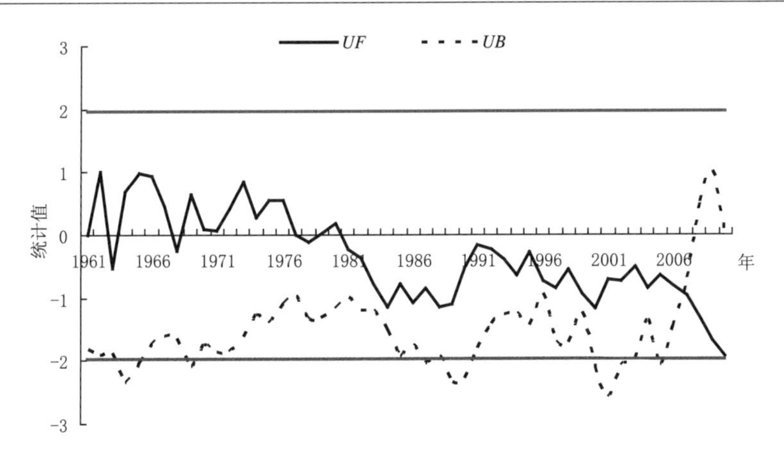

图 3.79　环洞庭湖区冬季平均相对湿度 M—K 统计量曲线(直线为 α=0.05 显著性水平临界值)

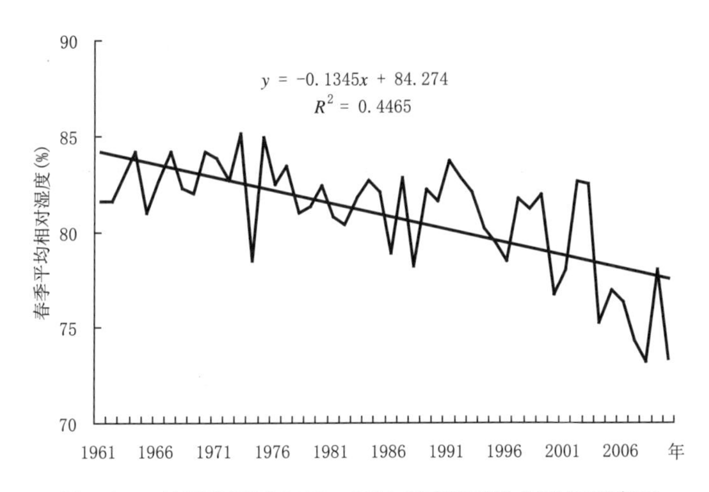

图 3.80　环洞庭湖区 1961—2010 年春季平均相对湿度序列

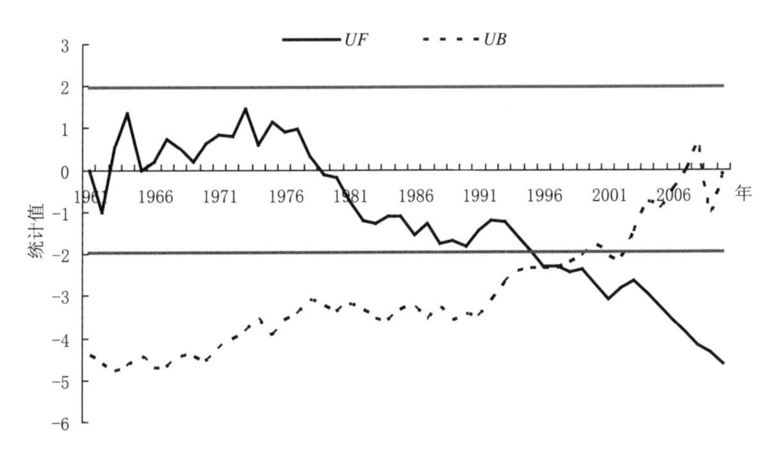

图 3.81　环洞庭湖区春季平均相对湿度 M-K 统计量曲线(直线为 α=0.05 显著性水平临界值)

1961—2010 年环洞庭湖区夏季平均相对湿度变化趋势不显著(图 3.82),也无明显突变现象(图 3.83)。1961—2010 年环洞庭湖区 21 站中华容、安乡、常德、湘潭 4 站夏季平均相对湿度呈极显著减小趋势,公安、石首、南县、沅江、宁乡 5 站呈显著减小趋势,桃江站呈较显著减小趋势，见表 3.7。

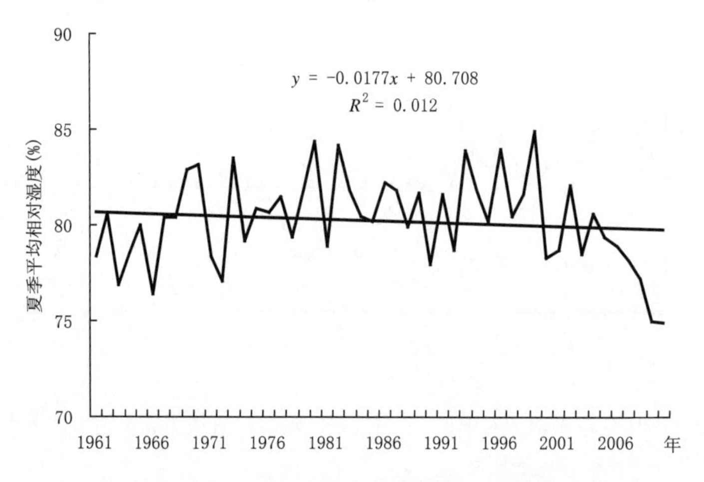

图 3.82 环洞庭湖区 1961—2010 年夏季平均相对湿度序列

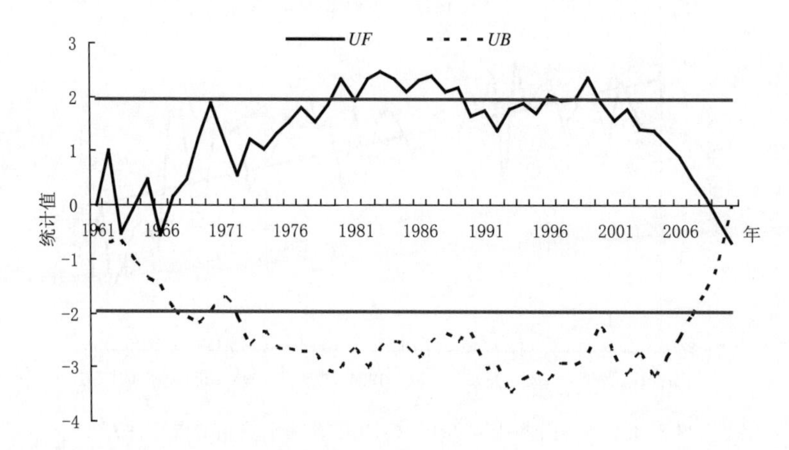

图 3.83 环洞庭湖区夏季平均相对湿度 M-K 统计量曲线(直线为 $\alpha=0.05$ 显著性水平临界值)

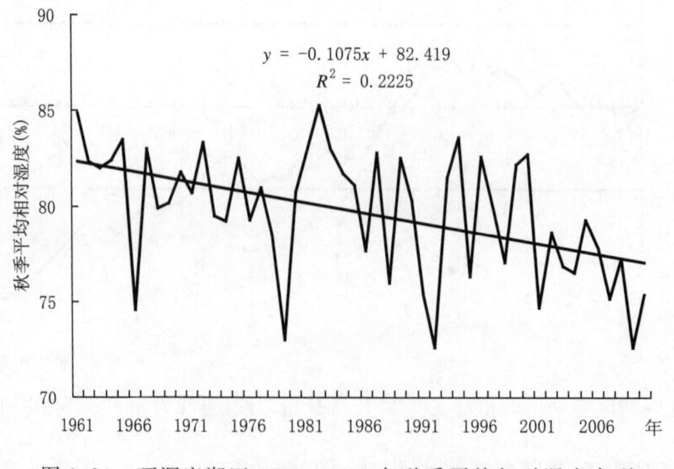

图 3.84 环洞庭湖区 1961—2010 年秋季平均相对湿度序列

1961—2010 年环洞庭湖区秋季平均相对湿度呈极显著减小趋势，减小速率为 1.1%/10a(图 3.84，通过 α=0.01 显著性检验)；突变检验结果表明，秋季平均相对湿度减小的突变时间为 2001 年(图 3.85)。1961—2010 年环洞庭湖区 21 站中松滋、公安、澧县、临澧、石首、南县、华容、安乡、常德、汉寿、沅江、益阳、宁乡 13 站秋季平均相对湿度呈极显著减小趋势，岳阳、临湘 2 站呈显著减小趋势，桃江站呈较显著减小趋势，见表 3.7。

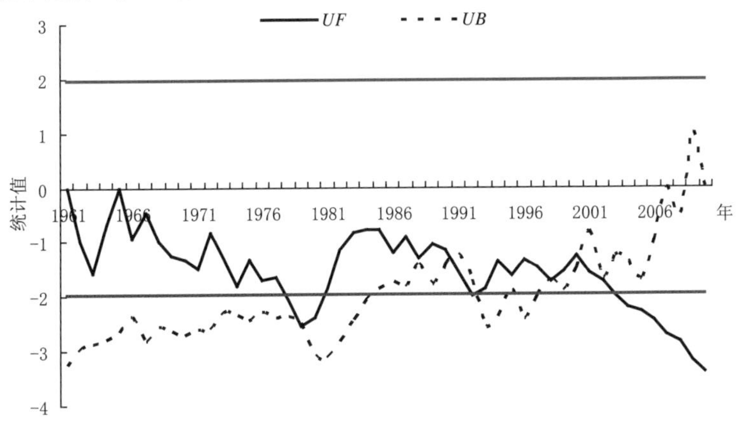

图 3.85 环洞庭湖区秋季平均相对湿度 M-K 统计量曲线
(直线为 α=0.05 显著性水平临界值)

3.1.6 极端天气气候事件变化事实

(1)极端高温变化事实

1961—2010 年环洞庭湖区年高温日数变化趋势不显著(见图 3.86)，但年日平均气温≥30℃且日最低气温≥27℃日数呈极显著增多趋势，增多速率为 1.6d/10a(图 3.87，通过 α=0.01 显著性检验)。

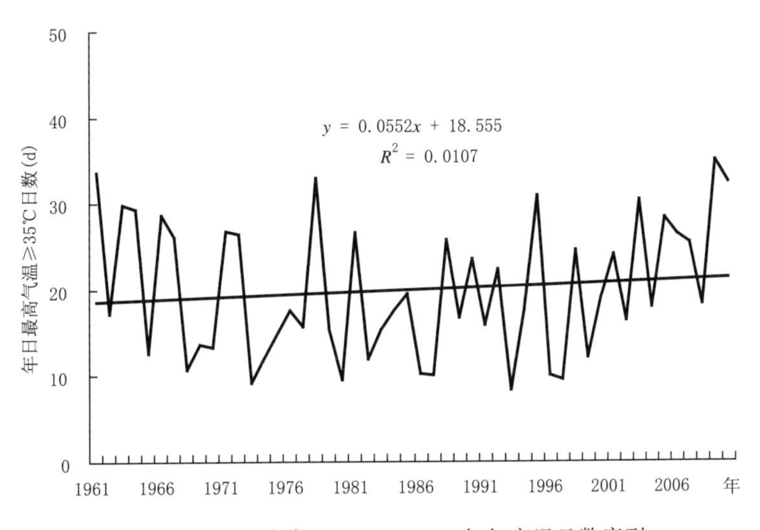

图 3.86 环洞庭湖区 1961—2010 年年高温日数序列

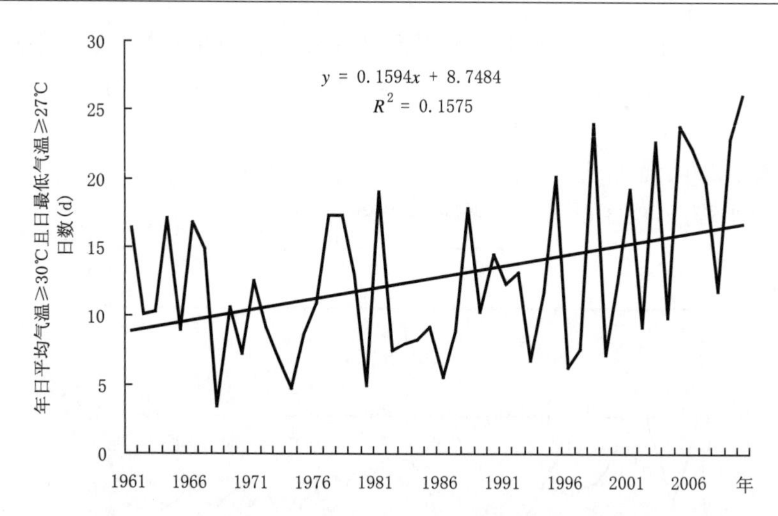

图 3.87 环洞庭湖区 1961—2010 年年日平均气温≥30℃且日最低气温≥27℃日数序列

(2)极端低温变化事实

1961—2010 年环洞庭湖区年日最低气温≤0℃日数呈极显著减少趋势，减少速率为 2.9d/10a(图 3.88，通过 $\alpha=0.01$ 显著性检验)；年日最低气温≤−5℃日数呈极显著减少趋势，减少速率为 0.30d/10a(图 3.89，通过 $\alpha=0.01$ 显著性检验)；年日最低气温≤−7℃日数呈显著减少趋势，减少速率为 0.12d/10a(图 3.90，通过 $\alpha=0.05$ 显著性检验)；年日最低气温≤−9℃日数呈较显著减少趋势，减少速率为 0.04d/10a(图 3.91，通过 $\alpha=0.10$ 显著性检验)。

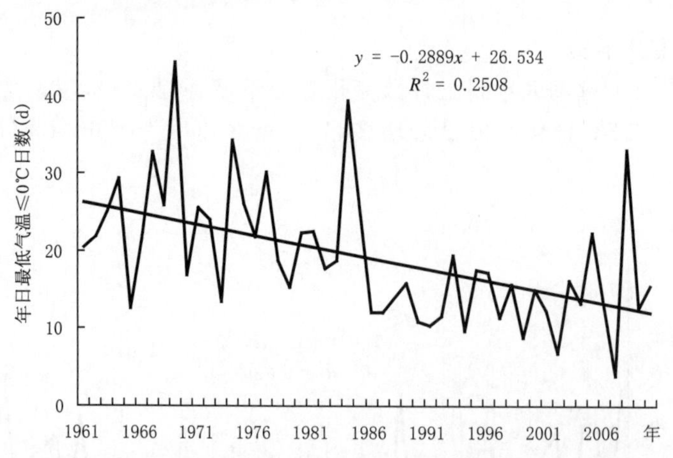

图 3.88 环洞庭湖区 1961—2010 年年日最低气温≤0℃日数序列

(3)极端降水变化事实

1961—2010 年环洞庭湖区年大雨等级以上降水日数呈较显著增多趋势，增多速率为 0.6d/10a(图 3.92，通过 $\alpha=0.10$ 显著性检验)。

(4)雷暴日数变化事实

1961—2010 年环洞庭湖区年雷暴日数呈极显著减少趋势，减少速率为 2.7d/10a(图 3.93，通过 $\alpha=0.01$ 显著性检验)。

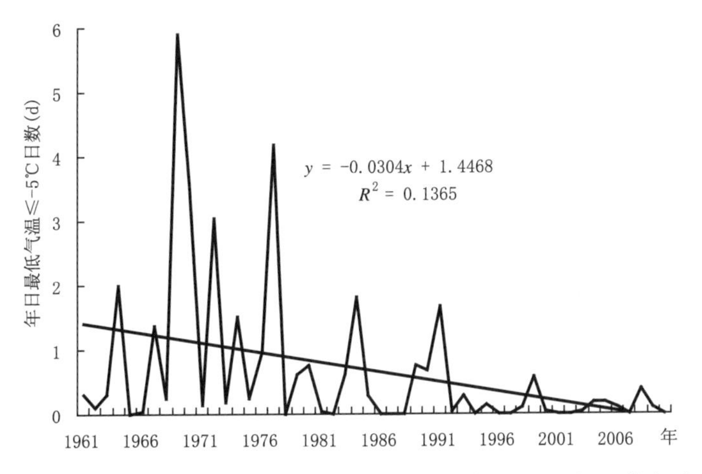

图 3.89 环洞庭湖区 1961—2010 年年日最低气温≤−5℃日数序列

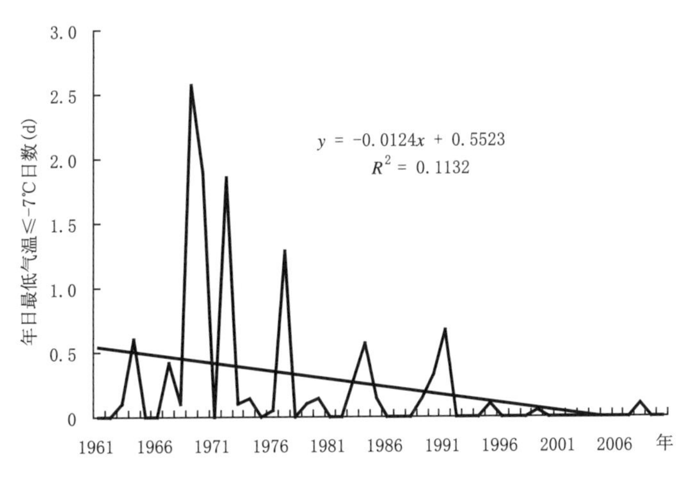

图 3.90 环洞庭湖区 1961—2010 年年日最低气温≤−7℃日数序列

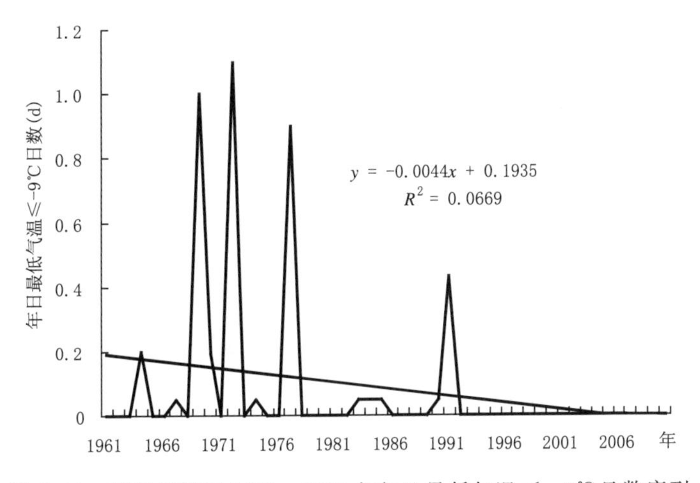

图 3.91 环洞庭湖区 1961—2010 年年日最低气温≤−9℃日数序列

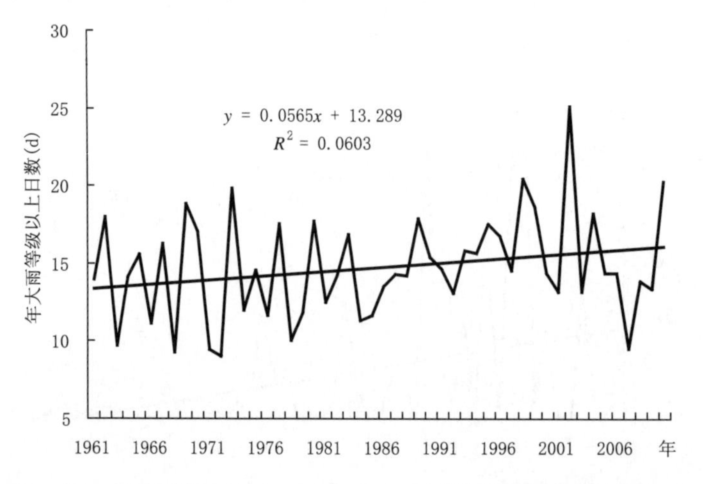

图 3.92 环洞庭湖区 1961—2010 年年大雨等级以上降水日数序列

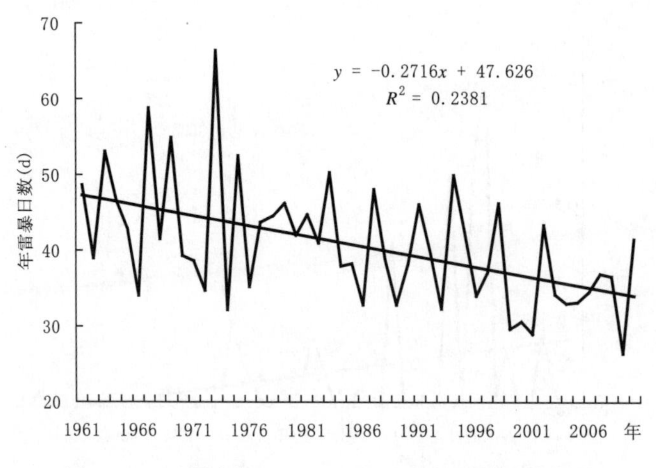

图 3.93 环洞庭湖区 1961—2010 年年雷暴日数序列

(5)大雾日数变化事实

1961—2010 年环洞庭湖区年大雾日数变化趋势不显著(图 3.94)。

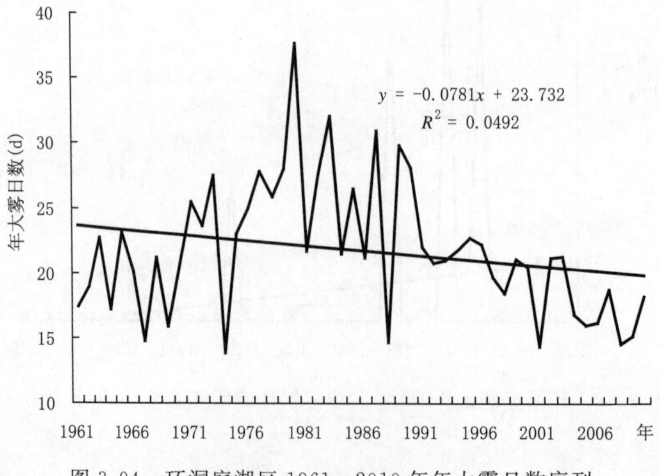

图 3.94 环洞庭湖区 1961—2010 年年大雾日数序列

(6)霾日数变化事实

1961—2010 年环洞庭湖区年霾日数呈极显著增加趋势，增加速率为 1.4d/10a(图 3.95，通过 $\alpha=0.01$ 显著性检验)。

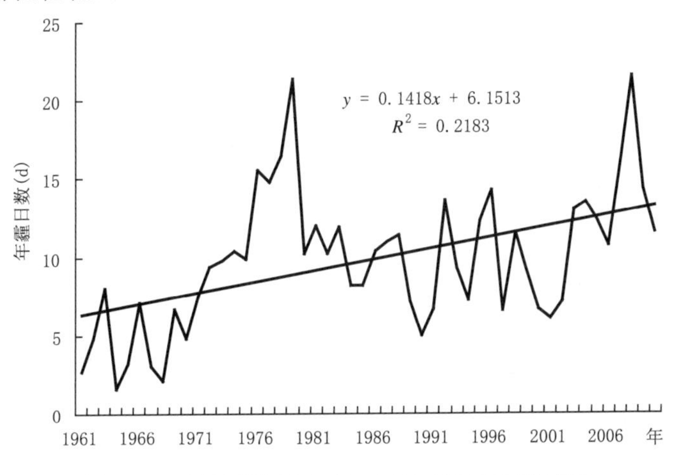

图 3.95 环洞庭湖区 1961—2010 年年霾日数序列

(7)连阴雨日数变化事实

1961—2010 年环洞庭湖区年阴雨日数(无日照或日照时数小于 1 小时且有降水发生)呈极显著增多趋势，增多速率为 3.5d/10a(图 3.96，通过 $\alpha=0.01$ 显著性检验)；1961—2010 年环洞庭湖区平均年连阴雨最大持续日数呈显著增多趋势，增多速率为 0.5d/10a(图 3.97，通过 $\alpha=0.05$ 显著性检验)。

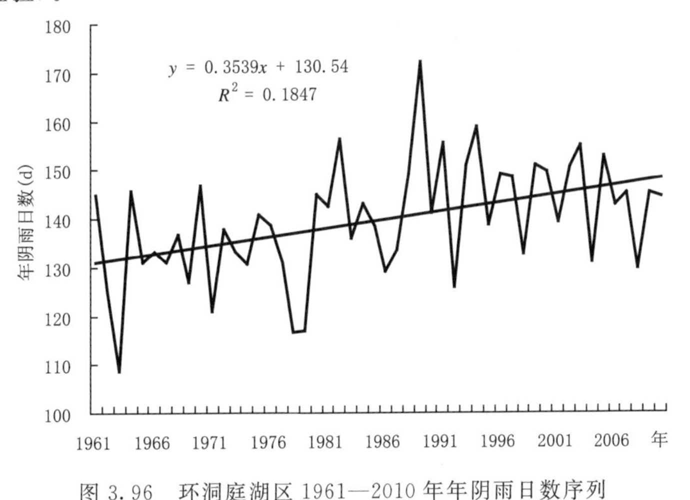

图 3.96 环洞庭湖区 1961—2010 年年阴雨日数序列

(8)冰冻日数变化事实

1961—2010 年环洞庭湖区年冰冻日数变化趋势不显著(图 3.98)。

(9)大风日数变化事实

1961—2010 年环洞庭湖区年大风日数呈极显著减少趋势，减少速率为 3.4d/10a(图 3.99，通过 $\alpha=0.01$ 显著性检验)。

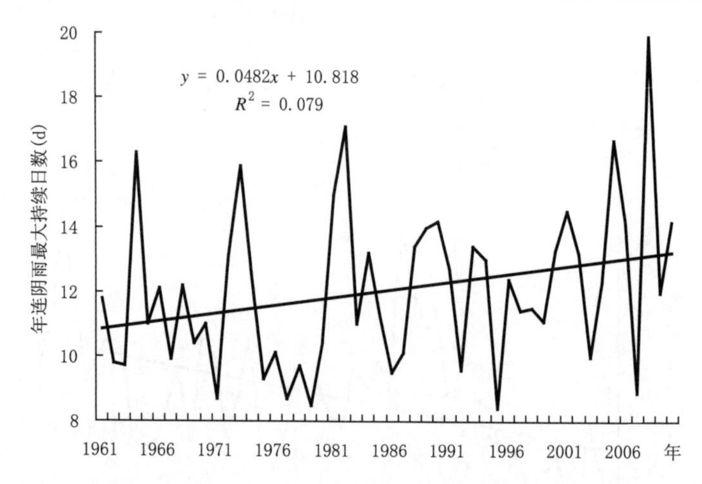

图 3.97 环洞庭湖区 1961—2010 年平均连阴雨最大持续日数序列

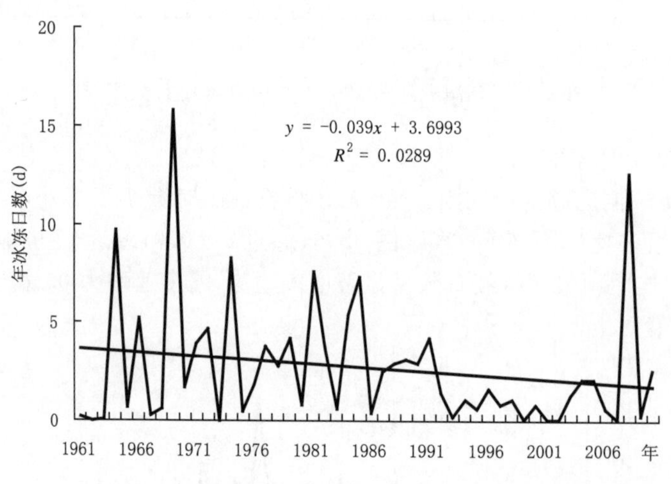

图 3.98 环洞庭湖区 1961—2010 年年冰冻日数序列

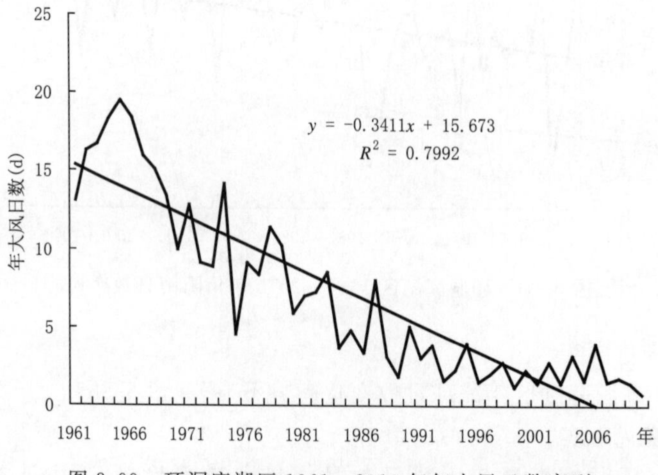

图 3.99 环洞庭湖区 1961—2010 年年大风日数序列

3.2 气候变化趋势预估

基于国家气候中心发布的典型浓度下 BCC－CSM1－1 全球模式输出结果，动力降尺度应用于环洞庭湖区。BCC－CSM1－1 是由中国自主设计研制的全球模式，模式产品已用于第五次 IPCC 评估报告。数据分辨率为 1°×1°；时间为 1980.01.01－2099.12.31；要素包括平均气温、最高气温、最低气温、降水、风速、相对湿度等；排放情景包括 RCP2.6、RCP4.5、RCP8.5 三种典型排放浓度（RCPs 是指“对辐射活性气体和颗粒物排放量、浓度随时间变化的一致性预测，作为一个集合、它涵盖广泛的人为气候强迫”），其中 RCP8.5 为 CO_2 排放参考范围 90 百分位数的高端路径，其辐射强迫高于 SRES 中高排放（A2）情景和化石燃料密集型（A1F1）情景，RCP2.6 和 RCP4.5 都是中间稳定路径，且 RCP4.5 的优先性大于 RCP2.6。

3.2.1 气温变化趋势

（1）年平均气温及极端最高最低气温

在 RCP2.6、RCP4.5、RCP8.5 情景下，2011—2060 年环洞庭湖区年平均气温均呈极显著上升趋势，上升速率分别为 0.30℃/10a、0.38℃/10a、0.48℃/10a（图 3.100）。在 RCP 2.6 情景下，2011—2060 年环洞庭湖区年极端最高气温变化趋势不显著；RCP4.5 和 RCP8.5 情景下，年极端最高气温呈极显著上升趋势，上升速率分别为 0.55℃/10a、0.93℃/10a（图 3.101）。在 RCP2.6 情景下，2011—2060 年环洞庭湖区年极端最低气温呈较显著上升趋势，上升速率为 0.55℃/10a；RCP4.5 情景下，年极端最低气温变化趋势不显著；RCP8.5 情景下，年极端最低气温呈极显著上升趋势，上升速率分别为 0.96℃/10a（图 3.102）。

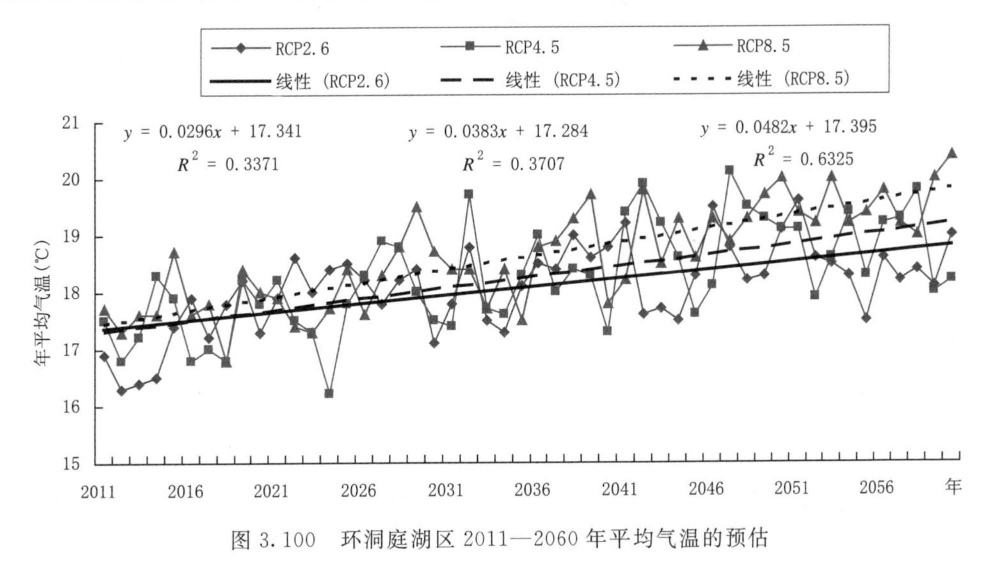

图 3.100 环洞庭湖区 2011—2060 年平均气温的预估

（2）季平均气温

在 RCP2.6 和 RCP8.5 情景下，2011—2060 年环洞庭湖区冬季平均气温均呈极显著上升趋势，上升速率分别为 0.47℃/10a、0.36℃/10a；RCP4.5 情景下冬季平均气温均呈显著上升趋势，上升速率为 0.33℃/10a（图 3.103）。

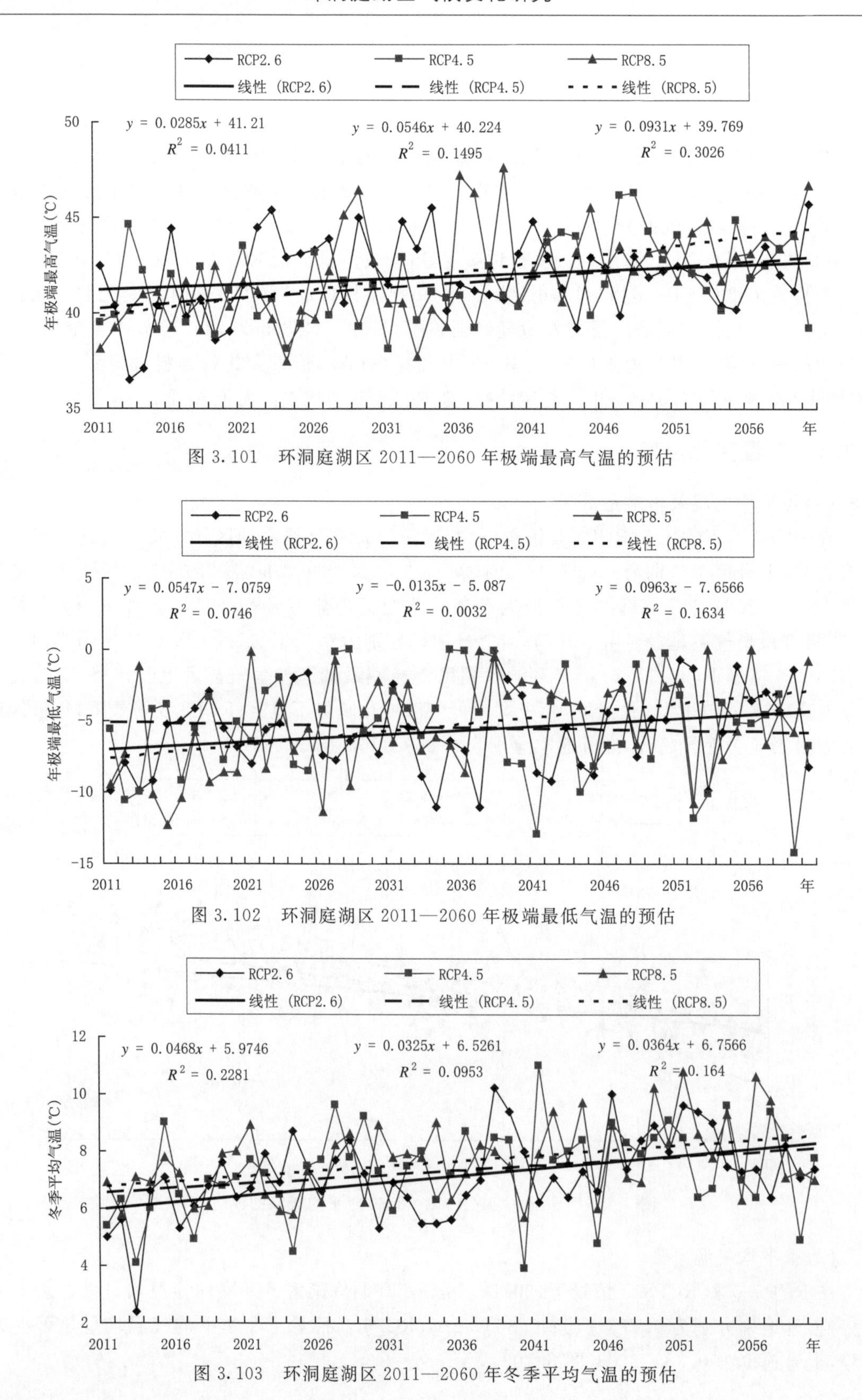

图 3.101 环洞庭湖区 2011—2060 年极端最高气温的预估

图 3.102 环洞庭湖区 2011—2060 年极端最低气温的预估

图 3.103 环洞庭湖区 2011—2060 年冬季平均气温的预估

在 RCP2.6 和 RCP4.5 情景下，2011—2060 年环洞庭湖区春季平均气温呈显著上升趋势，上升速率分别为 0.26℃/10a、0.21℃/10a；RCP8.5 情景下春季平均气温均呈极显著上升趋势，上升速率为 0.37℃/10a(图 3.104)。

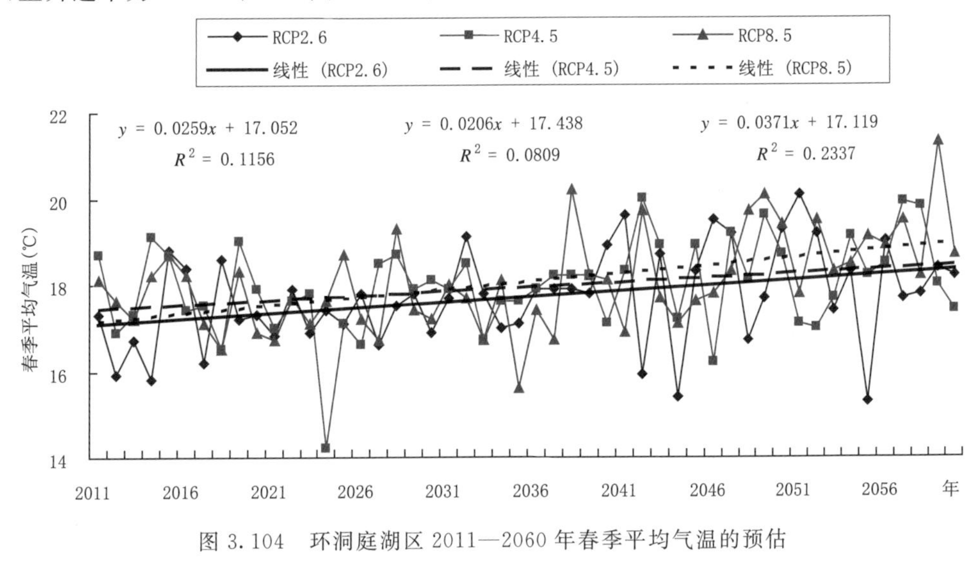

图 3.104 环洞庭湖区 2011—2060 年春季平均气温的预估

在 RCP2.6 情景下，2011—2060 年环洞庭湖区夏季平均气温呈较显著上升趋势，上升速率为 0.19℃/10a；RCP4.5 和 RCP8.5 情景下，夏季平均气温呈极显著上升趋势，上升速率分别为 0.49℃/10a、0.60℃/10a(图 3.105)。

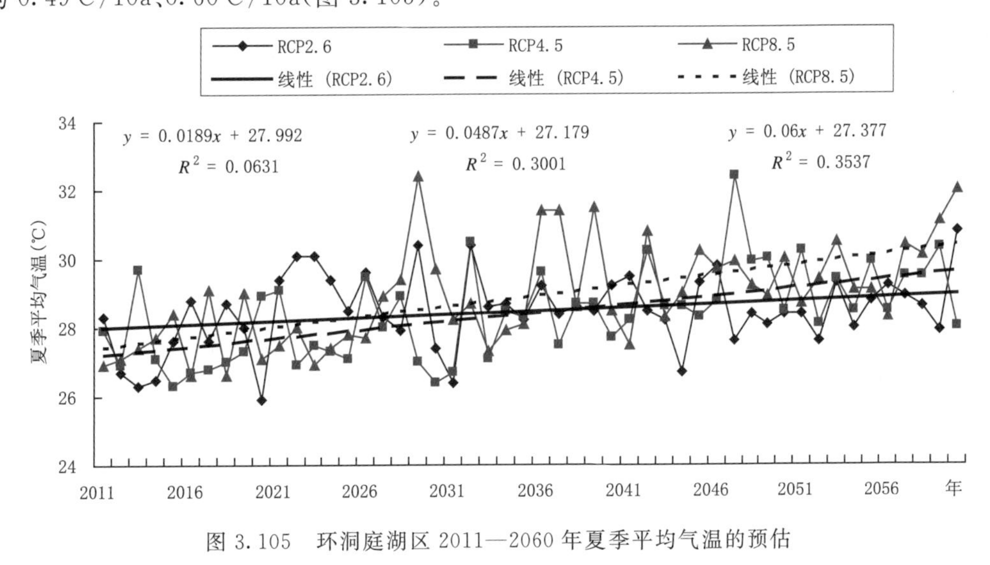

图 3.105 环洞庭湖区 2011—2060 年夏季平均气温的预估

在 RCP2.6、RCP4.5、RCP8.5 情景下，2011—2060 年环洞庭湖区秋季平均气温均呈极显著上升趋势，上升速率分别为 0.26℃/10a、0.51℃/10a、0.56℃/10a(图 3.106)。

(3)高、低温日数

在 RCP2.6、RCP4.5、RCP8.5 情景下，2011—2060 年环洞庭湖区年高温日数均呈极显著增多趋势，增多速率分别为 3.7d/10a、6.0d/10a、7.4d/10a(图 3.107)。

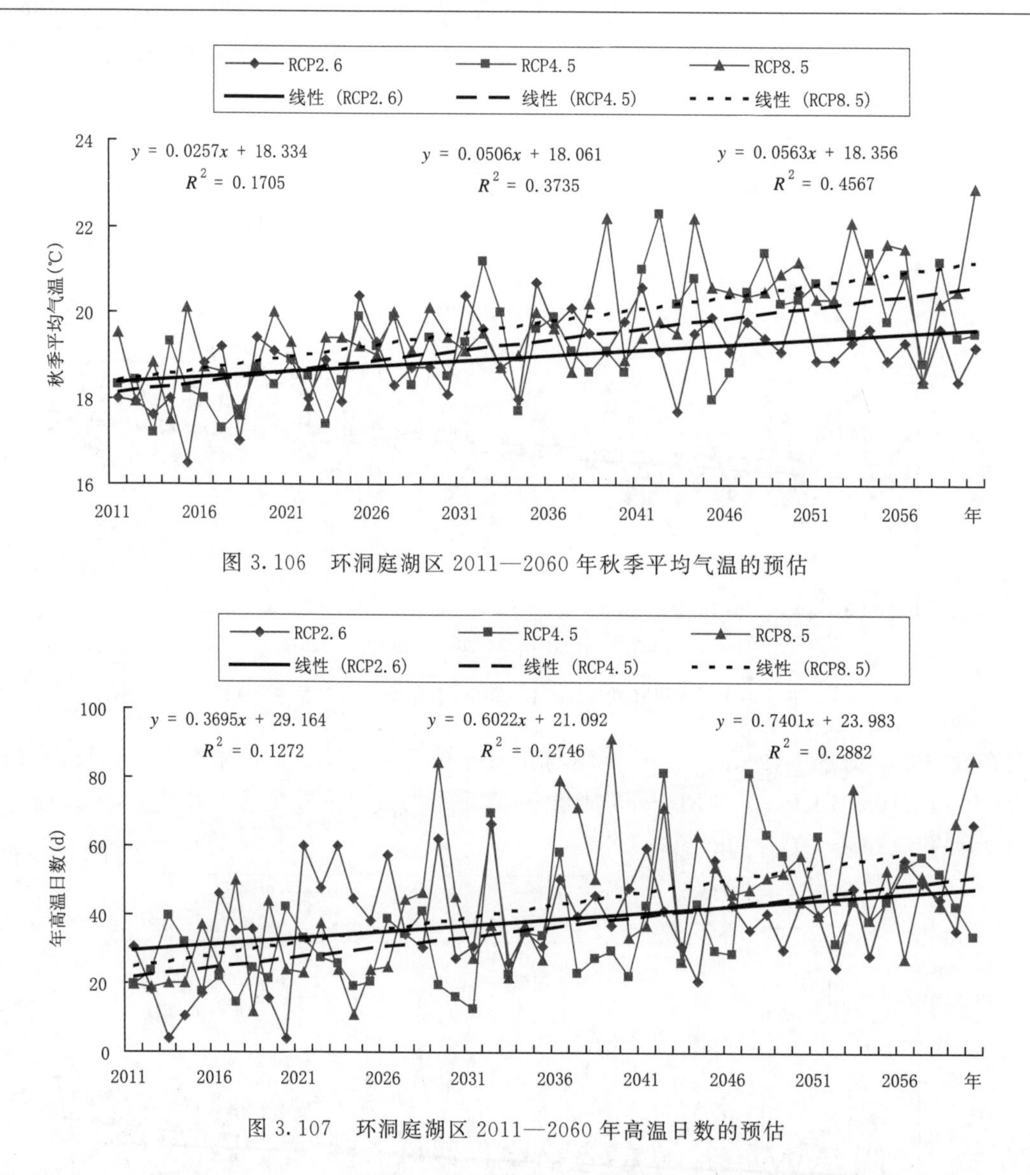

图 3.106　环洞庭湖区 2011—2060 年秋季平均气温的预估

图 3.107　环洞庭湖区 2011—2060 年高温日数的预估

在 RCP2.6 情景下，2011—2060 年环洞庭湖区年低温日数呈极显著减少趋势，减少速率为 2.9d/10a；RCP4.5 情景下年低温日数变化趋势不显著；RCP8.5 情景下年低温日数呈显著减少趋势，减少速率为 1.5 d/10a(图 3.108)。

3.2.2　降水变化趋势

(1)降水量

在 RCP2.6、RCP4.5、RCP8.5 情景下 2011—2060 年环洞庭湖区年降水量变化趋势均不显著，其中 RCP2.6 情景下的年降水量呈不显著下降趋势，RCP4.5、RCP8.5 情景下的年降水量均呈不显著增加趋势，见图 3.109。

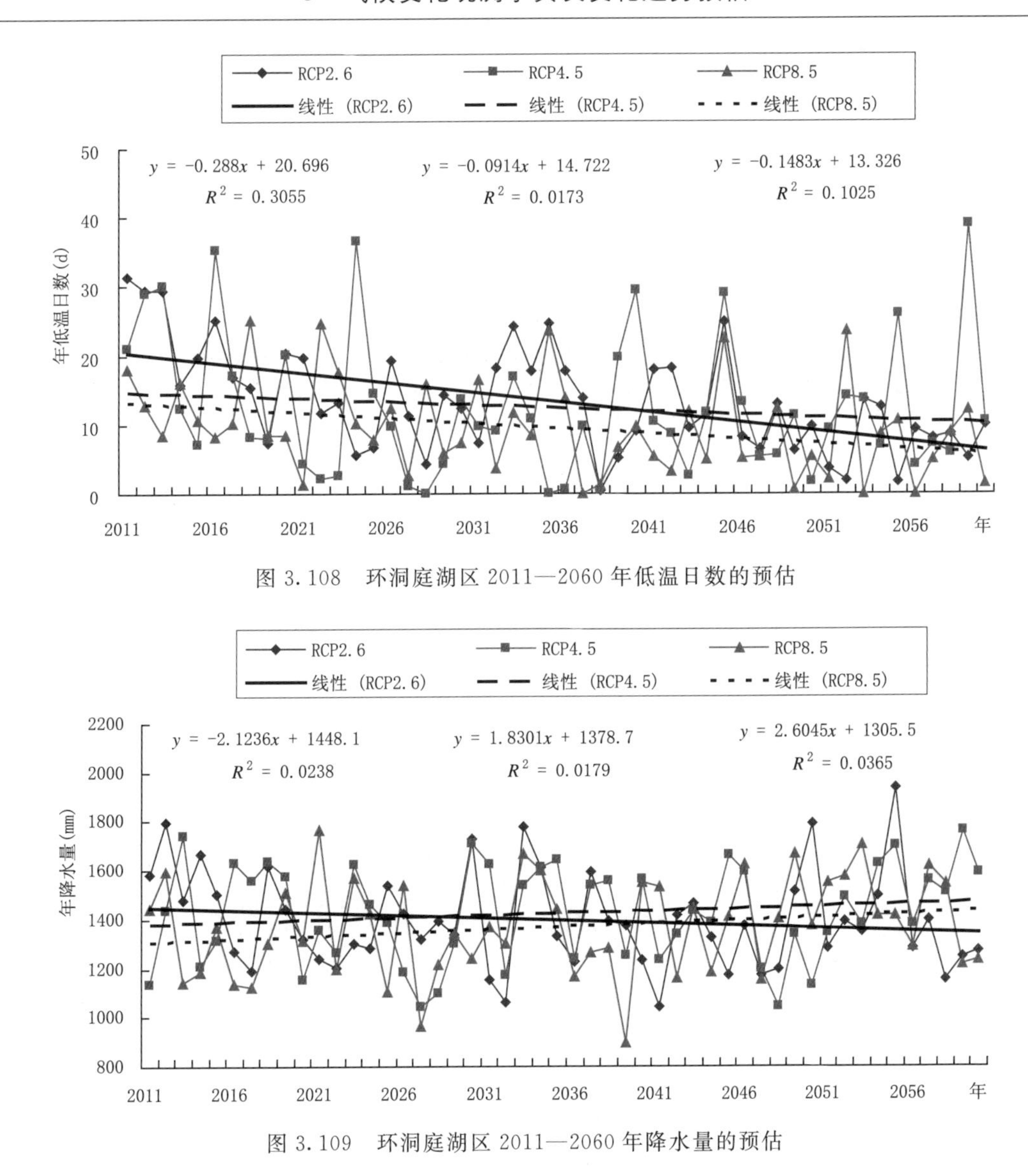

图 3.108 环洞庭湖区 2011—2060 年低温日数的预估

图 3.109 环洞庭湖区 2011—2060 年降水量的预估

在 RCP2.6 和 RCP8.5 情景下 2011—2060 年环洞庭湖区冬季降水量变化趋势均不显著；RCP4.5 情景下冬季降水量呈极显著增加趋势，增加速率为 14.6 mm/10a。见图 3.110。

在 RCP2.6 和 RCP4.5 情景下 2011—2060 年环洞庭湖区春季降水量变化趋势均不显著；RCP8.5 情景下春季降水量呈较显著增加趋势，增加速率为 19.3 mm/10a。见图 3.111。

在 RCP2.6、RCP4.5、RCP8.5 情景下 2011—2060 年环洞庭湖区夏季降水量变化趋势不显著(图 3.112)。

在 RCP2.6、RCP4.5、RCP8.5 情景下 2011—2060 年环洞庭湖区秋季降水量变化趋势均不显著(图 3.113)。

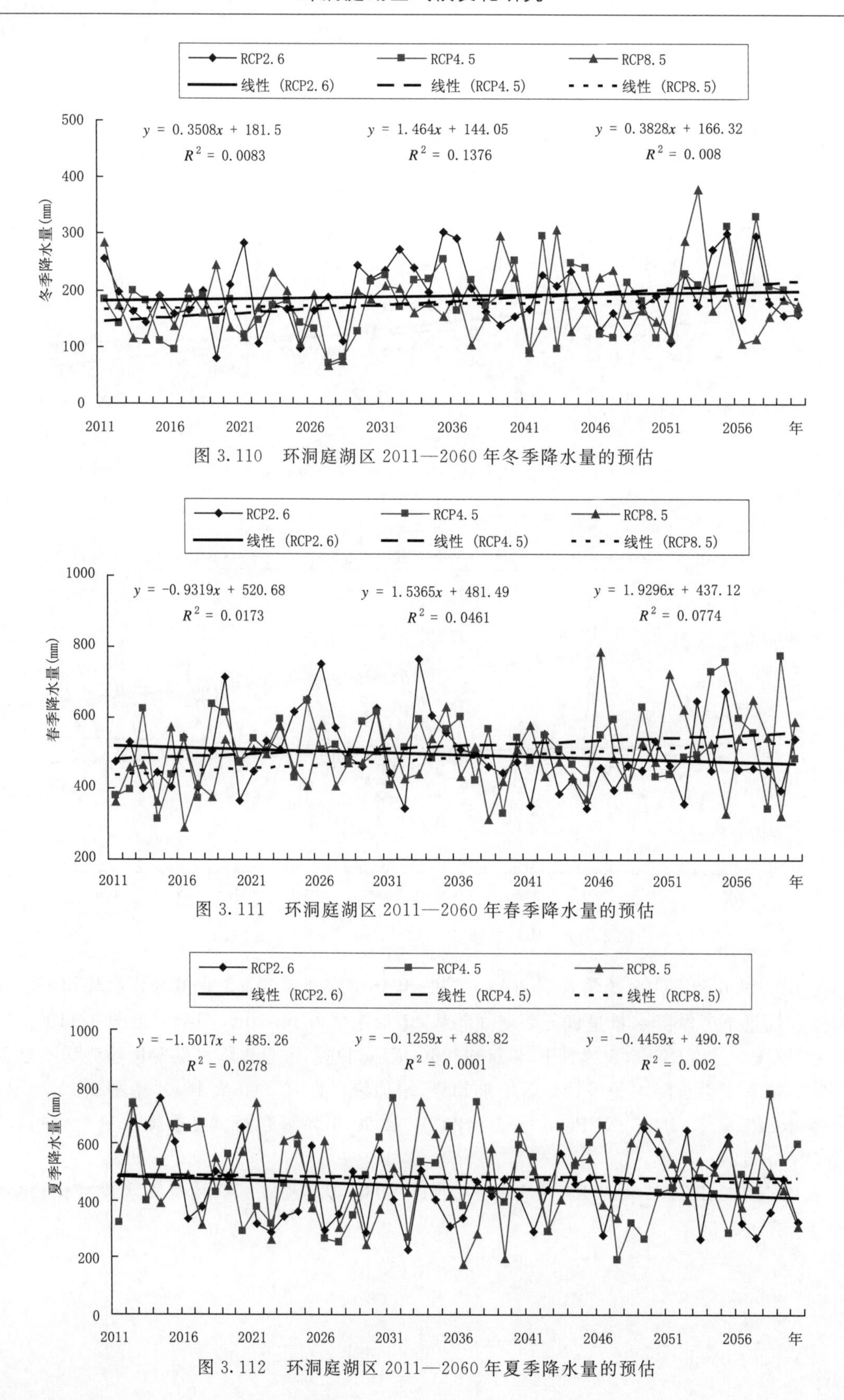

图 3.110 环洞庭湖区 2011—2060 年冬季降水量的预估

图 3.111 环洞庭湖区 2011—2060 年春季降水量的预估

图 3.112 环洞庭湖区 2011—2060 年夏季降水量的预估

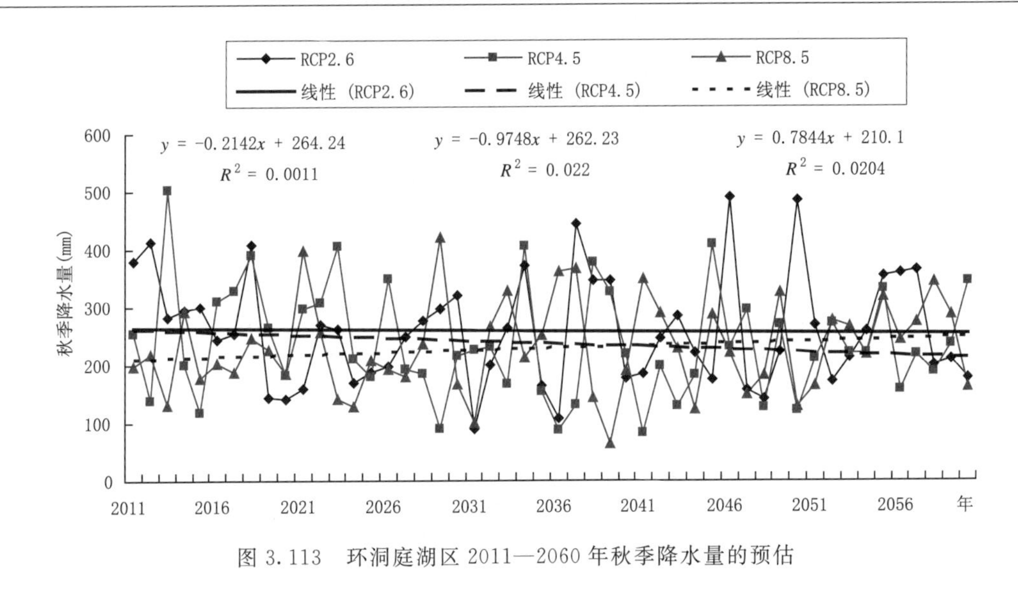

图 3.113 环洞庭湖区 2011—2060 年秋季降水量的预估

(2)降水日数

在 RCP2.6 和 RCP4.5 情景下 2011—2060 年环洞庭湖区年降水日数变化趋势均不显著；RCP8.5 情景下年降水日数呈较显著减少趋势，减少速率为 2.6 d/10a。见图 3.114。

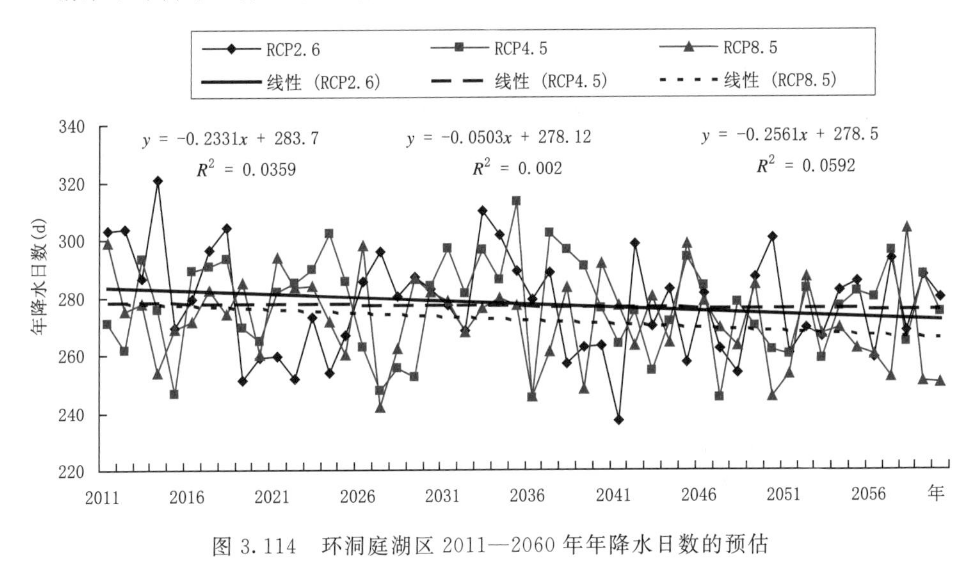

图 3.114 环洞庭湖区 2011—2060 年年降水日数的预估

在 RCP2.6、RCP4.5、RCP8.5 情景下 2011—2060 年环洞庭湖区冬季降水日数变化趋势均不显著(图 3.115)。

在 RCP2.6、RCP4.5、RCP 8.5 情景下 2011—2060 年环洞庭湖区春季降水日数变化趋势均不显著(图 3.116)。

在 RCP2.6 和 RCP4.5 情景下 2011—2060 年环洞庭湖区夏季降水日数变化趋势均不显著；RCP8.5 情景下夏季降水日数呈极显著减少趋势，减少速率为 1.5 d/10a。见图 3.117。

在 RCP2.6、RCP4.5、RCP8.5 情景下 2011—2060 年环洞庭湖区秋季降水日数变化趋势均不显著(图 3.118)。

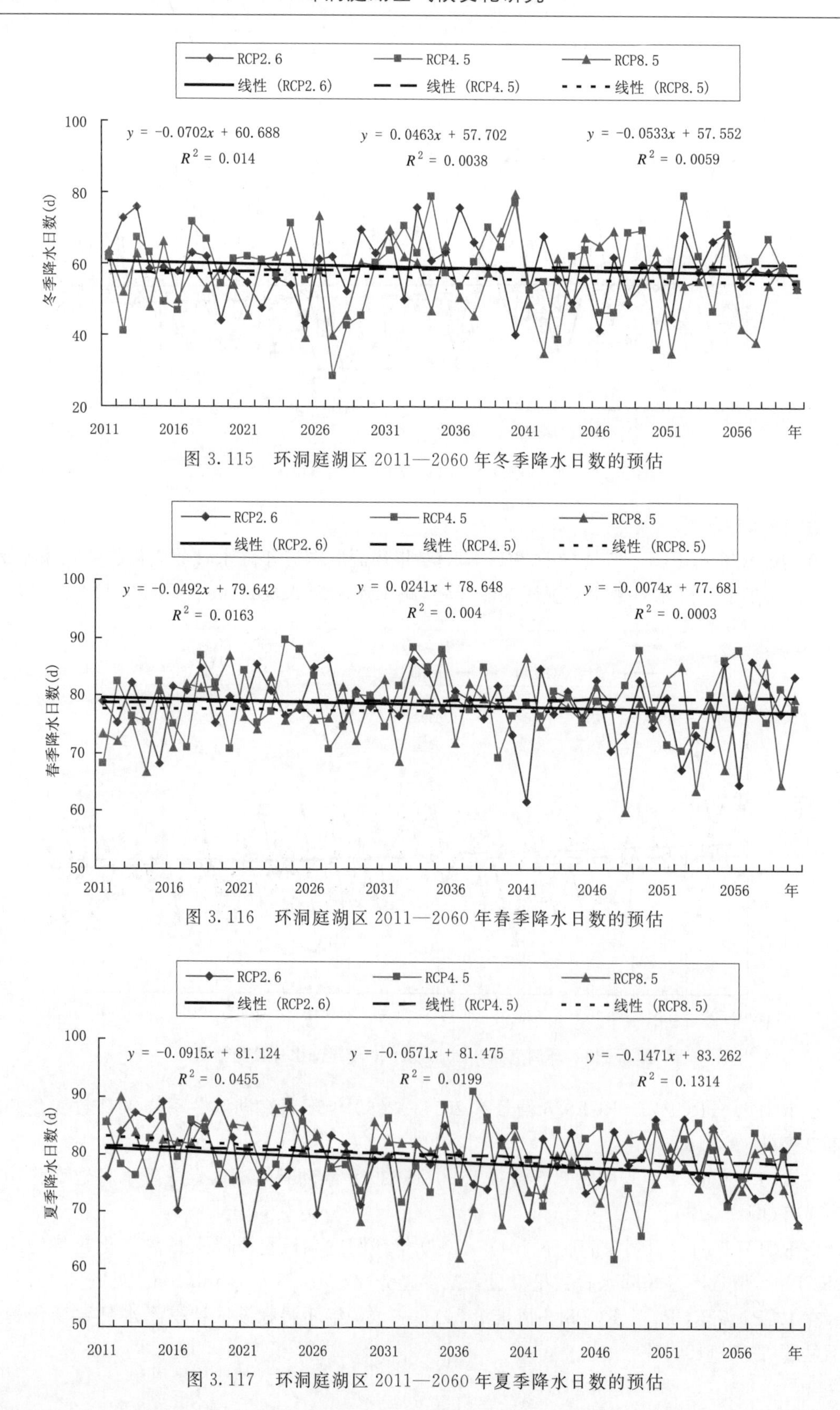

图 3.115 环洞庭湖区 2011—2060 年冬季降水日数的预估

图 3.116 环洞庭湖区 2011—2060 年春季降水日数的预估

图 3.117 环洞庭湖区 2011—2060 年夏季降水日数的预估

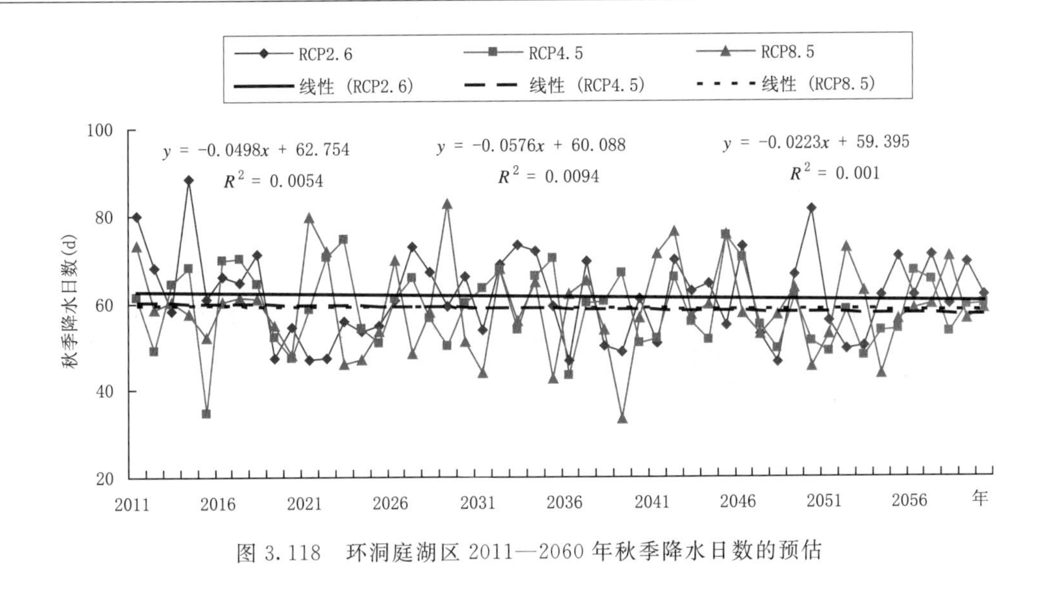

图 3.118 环洞庭湖区 2011—2060 年秋季降水日数的预估

3.2.3 湿度变化趋势

在 RCP2.6 情景下，2011—2060 年环洞庭湖区年平均比湿呈较显著上升趋势，上升速率为 0.06(g/kg)/10a；RCP4.5 和 RCP8.5 情景下，年平均比湿呈极显著上升趋势，上升速率分别为 0.16(g/kg)/10a 和 0.21(g/kg)/10a(图 3.119)。

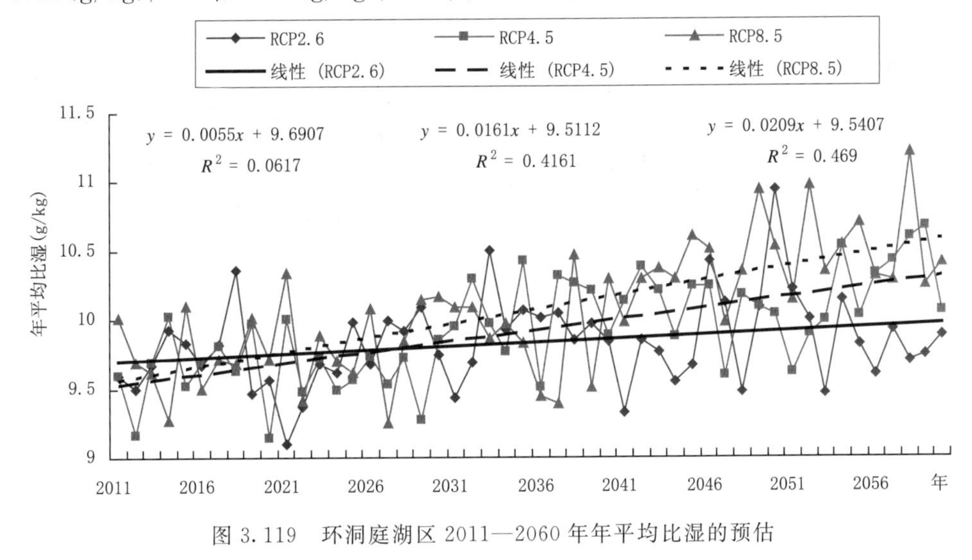

图 3.119 环洞庭湖区 2011—2060 年年平均比湿的预估

在 RCP8.5 情景下，2011—2060 年环洞庭湖区冬季平均比湿呈显著上升趋势，上升速率为 0.08(g/kg)/10a；RCP2.6 和 RCP4.5 情景下，冬季平均比湿均呈极显著上升趋势，上升速率分别为 0.12(g/kg)/10a 和 0.10(g/kg)/10a(图 3.120)。

在 RCP2.6 情景下，2011—2060 年环洞庭湖区春季平均比湿变化趋势不显著；RCP4.5 情景下，春季平均比湿呈较显著上升趋势，上升速率为 0.12(g/kg)/10a；RCP8.5 情景下，春季平均比湿呈极显著上升趋势，上升速率为 0.19(g/kg)/10a。见图 3.121。

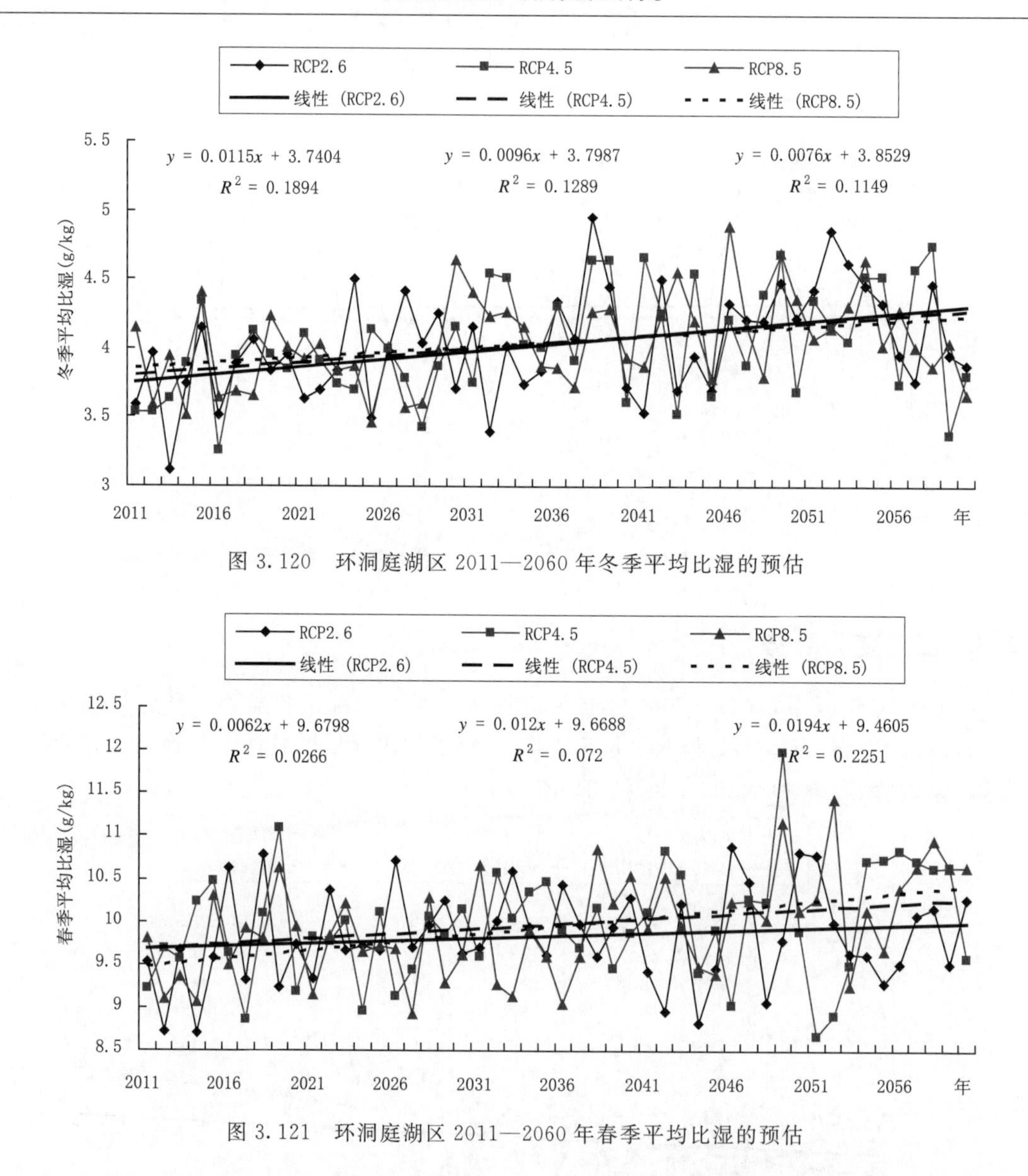

图 3.120 环洞庭湖区 2011—2060 年冬季平均比湿的预估

图 3.121 环洞庭湖区 2011—2060 年春季平均比湿的预估

在 RCP2.6 情景下，2011—2060 年环洞庭湖区夏季平均比湿变化趋势不显著；RCP4.5 和 RCP8.5 情景下，夏季平均比湿均呈极显著上升趋势，上升速率分别为 0.26(g/kg)/10a 和 0.29(g/kg)/10a(图 3.122)。

在 RCP2.6 情景下，2011—2060 年环洞庭湖区秋季平均比湿变化趋势不显著；RCP4.5 和 RCP 8.5 情景下，秋季平均比湿均呈极显著上升趋势，上升速率分别为 0.17(g/kg)/10a 和 0.29(g/kg)/10a(图 3.123)。

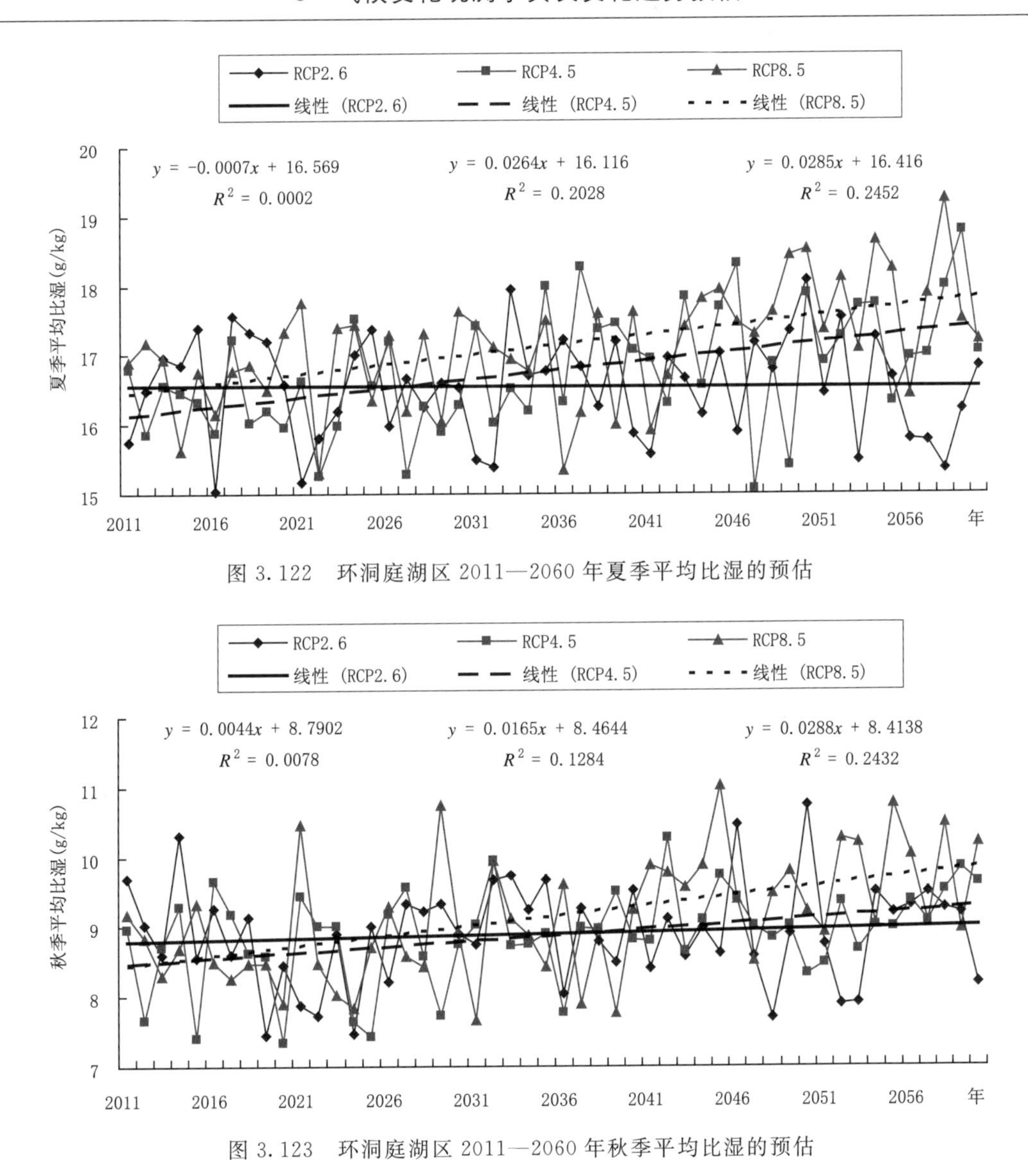

图 3.122　环洞庭湖区 2011—2060 年夏季平均比湿的预估

图 3.123　环洞庭湖区 2011—2060 年秋季平均比湿的预估

4 气候变化成因

4.1 全球气候变暖的影响

IPCC第四次评估报告估计：全球平均地表气温在近100年中的上升速率为0.74℃±0.18℃/100a（1906—2005）。近50年变暖速率为0.13℃±0.03℃/10a，几乎是近100年的两倍。在过去的25年里，增温呈现加速，而在过去的12年（1995—2006年）中有11个年份位居有记录以来最暖的12个年份之列。同时通过1901—2005全球表面年平均气温变化趋势的空间分布图（IPCC，气候变化2007）可以看出，升温最显著的地区是北半球中高纬地区（尤其是高纬和北极地区），陆地表面温度的上升速率高于海洋。关于气候变化成因，IPCC第四次评估报告也给出了明确的认识：人类活动“很可能”是气候变暖的主要原因（90%以上可能性）。

因此，受全球气候变暖影响，环洞庭湖区的气候必定会发生相应的变化。

4.2 与大气环流异常有关

4.2.1 东亚季风

季风是全球大气环流系统中的一个重要成员，环洞庭湖区夏季降水特别是主汛期降水受东亚夏季风强弱、爆发早晚以及持续时间长短的影响。由于东亚季风的年际和年代际变化很大，因此，环洞庭湖区旱涝等重大气候灾害发生频繁且严重。

东亚夏季风指数可以很好地反映长江中下游地区夏季降水的年际变化，这里选取李建平（2005）定义的东亚夏季风指数对环洞庭湖区夏季降水影响进行分析。从图4.1可看出，20世纪50年代到80年代中期，东亚夏季风指数强度以偏强为主，对应这一阶段环洞庭湖区夏季降水以偏少为主；80年代中期以后，东亚夏季风指数强度以偏弱为主，对应这一阶段环洞庭湖区夏季降水以偏多为主，东亚夏季风指数强度与环洞庭湖区夏季降水相关系数为−0.4895，通过$\alpha=0.001$显著性检验。表4.1给出了东亚夏季风指数强度最强和最弱5年夏季降水比较结果。结果表明，夏季风最弱的5年均出现在20世纪80年代中期以后，夏季降水明显偏多，

而夏季风最强的 5 年均出现在 20 世纪 80 年代中期以前，夏季降水则明显偏少。

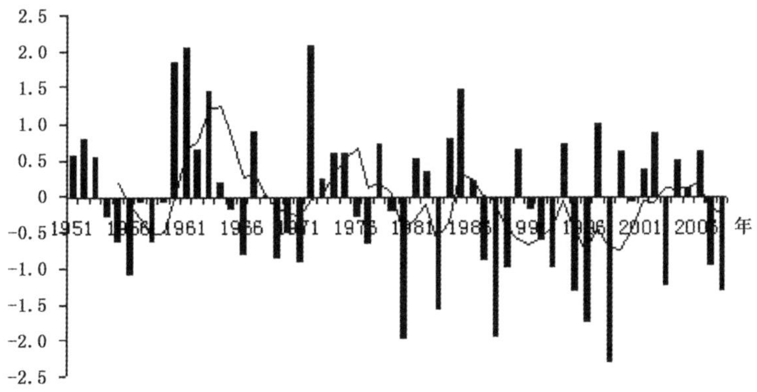

图 4.1　1951—2008 年东亚季风指数

表 4.1　东亚夏季风指数强度最强和最弱 5 年环洞庭湖区夏季降水(mm)

年份	季风指数	降水	年份	季风指数	降水
1998	−2.282	807.4	1972	2.076	161.1
1980	−1.965	727.6	1961	2.045	339.0
1988	−1.955	563.5	1960	1.854	322.1
1986	−1.731	805.9	1985	1.467	329.4
1983	−1.565	564.7	1963	1.434	231.2

4.2.2　副热带高压

研究与业务工作表明，西太平洋副热带高压(简称副高)是一个较稳定的大气环流系统，其强弱影响中国大部分地区的天气气候变化。这里利用 1951—2008 年副高强度、面积、脊线位置、588 dagpm 线北界(以下简称北界)和西伸脊点等指数分别与环洞庭湖区 21 个气象站区域平均的月、季平均降水和气温求取相关系数，以此分析前期副高与环洞庭湖区降水与气温的关系。

(1)副高与季降水的关系

计算结果表明，环洞庭湖区仅夏季降水与副高指数有较好的对应关系，其他季降水与副高指数相关不显著。表 4.2 给出了前期 12 个月副高各指数与环洞庭湖区夏季降水的相关系数。由表 4.2 可见，环洞庭湖区夏季降水与上年 8 月、10—12 月、当年 4—5 月副高面积指数相关性好，特别是上年 8 月和 10 月、当年 4 月和 5 月，通过 $\alpha=0.01$ 显著性检验；与 5 月相关最好，相关系数达 0.377。环洞庭湖区夏季降水与上年 8 月、12 月、当年 2—5 月副高强度指数相关好，其中与上年 8 月、当年 4 月和 5 月通过 $\alpha=0.01$ 显著性检验；与 5 月相关更为显著，相关系数为 0.423。环洞庭湖区夏季降水与上年 9 月和 10 月的副高脊线位置，和上年 9 月、当年 4—5 月的北界相关系数通过 $\alpha=0.05$ 显著性检验。环洞庭湖区夏季降水与副高西伸脊点呈负相关关系，上年 8 月、9 月和 11 月和当年 2—5 月的西伸指数与夏季降水的相关系数通过 $\alpha=0.05$ 显著性检验。即当副高加强西伸时，对环洞庭湖区夏季降水有利，易出现洪涝，反之亦然。

表 4.2 副高面积、强度指数与环洞庭湖区夏季降水相关

月份	6月	7月	8月	9月	10月	11月	12月	1月	2月	3月	4月	5月
面积	0.091	0.248	0.342*	0.069	0.325*	0.303*	0.32*	0.114	0.232	0.248	0.373*	0.377*
强度	0.128	0.227	0.335*	0.044	0.203	0.221	0.296*	0.171	0.291*	0.268*	0.374*	0.423*
脊线	−0.143	−0.045	0.098	−0.250*	−0.331*	−0.192	−0.010	0.197	0.161	0.151	0.204	0.113
北界	−0.042	−0.040	0.056	−0.317*	−0.169	−0.160	0.202	0.220	0.231	0.229	0.355*	0.305*
西伸脊点	−0.096	−0.156	−0.281*	−0.362*	−0.208	−0.393*	−0.241	−0.167	−0.305*	−0.314*	−0.284*	−0.265*

* 表示通过 $\alpha=0.05$ 显著性检验，下同。

(2)副高与月降水的关系

副高面积指数与环洞庭湖区各月降水相关系数计算结果表明：1月降水与上年10月和12月副高面积指数相关性较好，通过 $\alpha=0.05$ 显著性检验；与上年10月相关性最好，相关系数为0.304。6月降水与上年11月和12月副高面积指数相关性较好，通过 $\alpha=0.05$ 显著性检验；与12月相关性最好，相关系数0.347，通过 $\alpha=0.01$ 显著性检验。7月降水与上年7—8月、10月、12月和当年春季以及同期副高面积指数相关性较好，通过 $\alpha=0.05$ 显著性检验；与当年4月相关性最好，相关系数达0.433，通过 $\alpha=0.01$ 显著性检验。10月和11月降水与同期副高面积指数相关性较好，通过 $\alpha=0.05$ 显著性检验。12月降水与4月和6月副高面积指数相关性较好，通过 $\alpha=0.05$ 显著性检验；与4月相关性最好，相关系数−0.277。副高面积指数与其余月份降水相关不明显。

副高强度与环洞庭湖区各月降水存在以下关系：1月降水与上年2月副高强度指数相关性较好，通过 $\alpha=0.05$ 显著性检验，相关系数0.256。6月降水与上年11月、冬季、当年5月和同期副高强度指数相关性较好，通过 $\alpha=0.05$ 显著性检验；与上年12月相关性最为显著，相关系数达0.327，通过 $\alpha=0.01$ 显著性检验。7月降水与上年8月、当年春季、6月以及同期副高强度指数相关性较好，通过 $\alpha=0.05$ 显著性检验；与当年4月相关性最好，相关系数0.418，通过 $\alpha=0.01$ 显著性检验。11月降水与上年12月、当年1月副高强度指数相关性较好，通过 $\alpha=0.05$ 显著性检验；与1月相关性最好，相关系数0.374，通过 $\alpha=0.01$ 显著性检验。12月降水与4月、6月和9月副高强度指数相关性较好，通过 $\alpha=0.05$ 显著性检验；与4月相关性最好，相关系数−0.307。其他月份降水与副高强度指数相关不明显。

环洞庭湖区各月降水与副高脊线位置关系不明显，仅6月降水与脊线位置相关较好，其中与上年10月和当年1、4月脊线位置的相关系数通过 $\alpha=0.05$ 显著性检验。

副高北界除与6月环洞庭湖区降水相关性较好外，与其他月份降水相关不明显。其中上年12月和当年1月、2月、4月和5月的副高北界指数与6月环洞庭湖区降水相关系数通过 $\alpha=0.05$ 显著性检验。

相关分析表明副高西伸脊点与环洞庭湖区各月降水以负相关关系为主，其中1月降水与上年2月、11月西伸脊点相关较好，通过 $\alpha=0.05$ 显著性检验。6月降水与上年8—11月、当年1月和3月西伸脊点相关关系显著，通过 $\alpha=0.05$ 显著性检验。其中与上年8月和11月西伸脊点的相关系数分别为−0.327和−0.335，通过 $\alpha=0.01$ 显著性检验。7月降水与上年11月和12月、当年3月和6月西伸脊点相关关系显著，通过 $\alpha=0.05$ 显著性检验。10月降水与当年8月副高西伸脊点相关很好，相关系数为−0.372，通过 $\alpha=0.01$ 显著性检验。11月降水与上年12月和当年6月西伸脊点表现为正相关关系，且通过 $\alpha=0.05$ 显著性检验。西伸脊点

与其他月份降水相关关系不明显。

以上统计分析表明，副高的强度和位置主要对环洞庭湖区夏季降水特别是6月和7月降水有重要影响。当副高偏强，西伸明显时，环洞庭湖区夏季降水偏多，易出现洪涝；反之，当副高偏弱，西伸脊点偏东时，环洞庭湖区夏季降水偏少，易出现干旱。表4.3和表4.4分别给出了6月和7月降水与副高各指数的相关系数。

表4.3　副高各指数与环洞庭湖区6月降水相关

月份	6月	7月	8月	9月	10月	11月	12月	1月	2月	3月	4月	5月
面积	0.28*	0.283*	0.08	0.362*	0.239	0.301*	0.114	0.198	0.257*	0.433*	0.364*	0.399*
强度	0.224	0.297*	0.054	0.241	0.109	0.219	0.138	0.243	0.254*	0.418*	0.415*	0.406*
脊线	0.041	0.138	−0.028	−0.198	−0.326*	−0.188	0.127	0.279*	0.107	0.115	0.283*	0.15
北界	0.182	0.087	−0.029	−0.249	−0.145	−0.052	0.304*	0.299*	0.262	0.211	0.408*	0.259*
西伸脊点	0.039	−0.105	−0.327*	−0.313*	−0.259*	−0.335*	−0.208	−0.255*	−0.238	−0.257*	−0.224	−0.206

表4.4　副高各指数与环洞庭湖区7月降水相关

月份	7月	8月	9月	10月	11月	12月	1月	2月	3月	4月	5月	6月
面积	0.28*	0.283*	0.08	0.362*	0.239	0.301*	0.114	0.198	0.257*	0.433*	0.364*	0.399*
强度	0.224	0.297*	0.054	0.241	0.109	0.219	0.138	0.243	0.254*	0.418*	0.415*	0.406*
脊线	−0.123	0.111	−0.156	−0.238	−0.03	−0.008	0.083	0.122	0.154	0.09	0.065	−0.141
北界	−0.153	0.082	−0.218	−0.186	−0.101	0.119	0.122	0.158	0.151	0.256*	0.204	0.028
西伸脊点	−0.214	−0.185	−0.196	−0.117	−0.305*	−0.251*	−0.159	−0.214	−0.28*	−0.23	−0.244	−0.304*

(3)副高与季气温的关系

副高各指数与环洞庭湖区各季节平均气温的相关分析表明，副高面积指数仅与秋、冬季节气温相关较好，与春、夏季平均气温相关不明显。上年4月、5月和10月副高面积指数与冬季气温相关系数通过α=0.05显著性检验。前期12个月除上年9月和当年3月副高面积指数与秋季气温相关不好外，其他月份面积指数与秋季气温相关系数均通过α=0.05显著性检验，其中冬季和当年8月面积指数与秋季气温相关最好，相关系数通过α=0.01显著性检验。

比较而言，副高强度指数与秋季气温相关最好，秋季气温与前期9个月(即上年12月和当年1—8月)的副高强度指数相关系数均通过α=0.05显著性检验，其中与当年1月和2月强度指数相关最好，相关系数分别为0.432和0.476，通过α=0.01显著性检验。

与降水相似，温度与副高脊线和北界的相关不明显，仅当年2月和3月副高脊线与冬季气温、当年3月副高北界与冬季气温、当年1月和5月副高北界与秋季气温相关系数较好，通过α=0.05显著性检验。

副高西伸脊点与秋季气温相关最好，其中上年11月和12月、当年1月、2月、4月和7月西伸脊点与秋季气温相关显著，通过α=0.05显著性检验。

(4)副高与月气温的关系

统计分析结果表明：副高面积指数与环洞庭湖区月平均气温有一定关系，但不同月份存在较大差异。环洞庭湖区2月平均气温与上年10月和冬季副高面积指数相关性较好，通过α=0.05显著性检验，与上年12月和当年1月相关性最好，相关系数为0.411，通过α=0.01(0.354)显著性检验。10月气温与前期2月、5月、6月、8月、9月和同期副高面积指数相关性较好，通过 $\alpha=0.05$ 显著性检验，其中与 6 月相关性最好，相关系数达 0.324（表 4.5）。11 月气温与前期冬季、春季、夏季以及同期副高面积指数相关性较好，通过 $\alpha=0.05$ 显著性检验，其中与 2 月相关性最好，相关系数为 0.408，通过 $\alpha=0.01$ 显著性检验（表 4.6）。12 月气温与前期 12 月、2 月、4 月、5 月、6 月、7 月、8 月和 10 月副高面积指数相关性较好，通过 $\alpha=0.05$ 显著性检验。其中与 6 月相关性最好，相关系数达 0.476，通过 $\alpha=0.01$ 显著性检验（表 4.7）。

表 4.5 10 月气温与副高面积相关系数表

月份	10 月	11 月	12 月	1 月	2 月	3 月	4 月	5 月	6 月	7 月	8 月	9 月	10 月
相关系数	0.191	0.051	0.185	0.257*	0.279*	0.074	0.264*	0.311*	0.324*	0.266*	0.285*	0.282*	0.293*

表 4.6 11 月气温与副高面积相关系数表

月份	11 月	12 月	1 月	2 月	3 月	4 月	5 月	6 月	7 月	8 月	9 月	10 月	11 月
相关系数	0.326*	0.386*	0.405*	0.408*	0.324*	0.303*	0.317*	0.331*	0.326*	0.365*	0.381*	0.223	0.34*

表 4.7 12 月气温与副高面积相关系数表

月份	12 月	1 月	2 月	3 月	4 月	5 月	6 月	7 月	8 月	9 月	10 月	11 月	12 月
相关系数	0.305*	0.178	0.36*	0.239	0.387*	0.298*	0.476*	0.355*	0.315*	0.215	0.294*	0.245	0.158

副高强度指数与环洞庭湖区月气温同样存在一定的滞后相关性。环洞庭湖区 2 月气温与前期冬季副高强度指数相关性较好，通过 $\alpha=0.05$ 显著性检验，与 2 月相关最好，相关系数为 0.371，通过 $\alpha=0.01$ 显著性检验。4 月气温与上年 11 月、当年 1—3 月和同期副高强度指数相关性较好，通过 $\alpha=0.05$ 显著性检验，其中与 2 月相关性最好，相关系数达 0.511，通过 $\alpha=0.01$ 显著性检验。5 月气温与上年 5 月和 7 月副高强度指数相关性较好，通过 $\alpha=0.05$ 显著性检验，与 7 月相关最好，相关系数为 0.336。11 月气温与前期冬季、3 月、5 月、6 月、7 月、8 月、9 月以及同期副高强度指数相关性较好，通过 $\alpha=0.05$ 显著性检验，其中与 2 月相关性最好，相关系数 0.441，通过 $\alpha=0.01$ 显著性检验（表 4.8）。12 月气温与前期 12 月、2 月、4 月、6—7 月、11 月副高强度指数相关性较好，通过 $\alpha=0.05$ 显著性检验，其中与 6 月相关性最好，相关系数 0.385，通过 $\alpha=0.01$ 显著性检验（表 4.9）。

表 4.8 11 月气温与副高强度相关系数表

月份	11 月	12 月	1 月	2 月	3 月	4 月	5 月	6 月	7 月	8 月	9 月	10 月	11 月
相关系数	0.232	0.297*	0.399*	0.441*	0.379*	0.269*	0.295*	0.334*	0.325*	0.291*	0.336*	0.164	0.281*

表 4.9 12 月气温与副高强度相关系数表

月份	12 月	1 月	2 月	3 月	4 月	5 月	6 月	7 月	8 月	9 月	10 月	11 月	12 月
相关系数	0.295*	0.202	0.312*	0.255*	0.366*	0.326*	0.385*	0.357*	0.267*	0.134	0.271*	0.273*	0.137

各月气温与副高脊线位置关系不明显，仅 3 月气温与上年 6 月、7 月和 11 月脊线位置，8 月气温与上年 10 月脊线位置，10 月气温与当年 2 月和 4 月脊线位置之相关系数能通过 $\alpha=$

0.05显著性检验。各月气温与副高北界关系同样不明显，只有4月气温与当年3月副高北界，10月气温与上年12月副高北界，11月气温与当年5月副高北界，12月气温与当年3月和4月副高北界之相关系数能通过$\alpha=0.05$显著性检验。

副高西伸脊点与各月气温主要为负相关关系，其中2月气温与上年10月和12月、当年1月西伸脊点相关显著，与上年12月相关最好，通过$\alpha=0.01$显著性检验。4月气温与上年9月、当年1—3月西伸脊点相关显著，通过$\alpha=0.05$显著性检验。11月和12月气温与西伸脊点关系最好(表4.10，表4.11)，其中11月气温除与当年4月、6—8月指数相关不好外，与其他月份的相关系数均通过$\alpha=0.05$显著性检验，其中与当年1—3月、9月西伸脊点相关系数通过$\alpha=0.01$显著性检验。12月气温与上年12月、当年2月、4月和6月西伸脊点相关系数均通过$\alpha=0.01$显著性检验。

表4.10　11月气温与副高西伸脊点相关系数表

月份	11月	12月	1月	2月	3月	4月	5月	6月	7月	8月	9月	10月	11月
相关系数	−0.325*	−0.324*	−0.362*	−0.374*	−0.353*	−0.227	−0.313*	−0.148	−0.268*	−0.111	−0.557*	−0.276*	−0.313*

表4.11　12月气温与副高西伸脊点相关系数表

月份	12月	1月	2月	3月	4月	5月	6月	7月	8月	9月	10月	11月	12月
相关系数	−0.339*	−0.205	−0.376*	−0.247	−0.338*	−0.233	−0.421*	−0.166	−0.104	−0.177	−0.182	−0.268*	−0.068

4.2.3　南亚高压

夏季南亚高压是对流层上部强大的大气活动中心，在100 hPa最强，它对北半球大气环流和中国天气气候，特别是对中国夏季大范围旱涝分布有着重要影响。图4.2给出了环洞庭湖区夏季降水与同期南亚高压中心位置的年际变化曲线，如图4.2可见，20世纪90年代中期以前环洞庭湖区多为少雨年份，南亚高压位置总体偏东；90年代中期以后环洞庭湖区多为多雨年份，南亚高压位置总体偏西，两者呈负相关关系，相关系数为−0.26，达到0.1显著性水平。图4.3给出了环洞庭湖区夏季降水最多5年(1954年、1969年、1980年、1996年和1998年)和最少5年(1959年、1963年、1972年、1978年和1981年)100hPa高度合成距平场。由图可见，

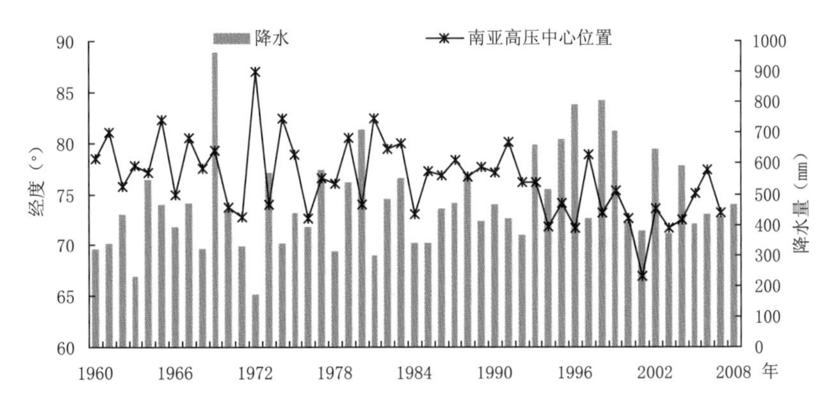

图4.2　环洞庭湖区夏季平均降水量与同期南亚高压中心位置年际变化

降水多年和降水少年100hPa高度距平"+"和"−"中心空间分布基本呈相反形势，多雨年南亚高压主体位置较常年偏西，少雨年其位置则较常年偏东。这与陶诗言等(1964)和张琼等(2001)研究结论一致，即南亚高压中心多稳定在高原上空，西太平洋副高偏南(偏东)，我国东部易涝。相反，南亚高压中心偏在我国东部，西太平洋副高偏北(偏西)，我国东部地区易旱。

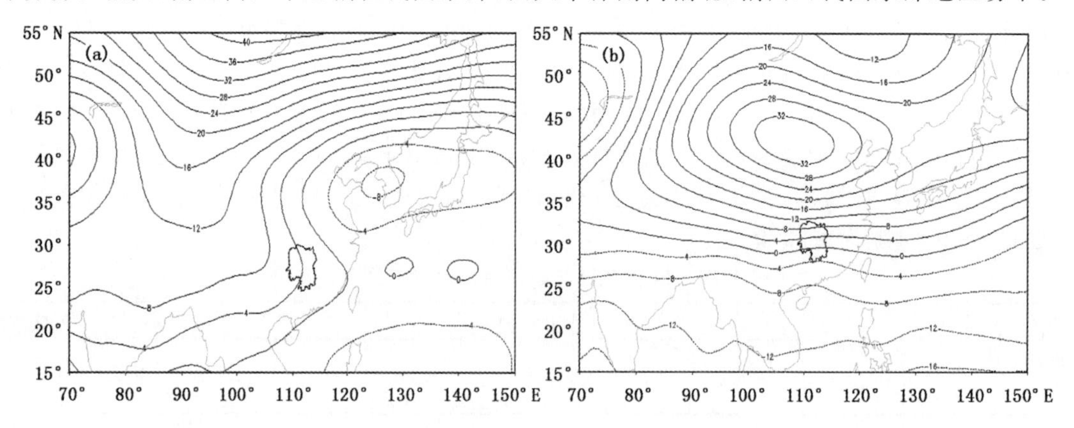

图4.3 环洞庭湖区夏季多雨年(a)和少雨年(b)同期100hPa高度距平场(单位:gpm)

4.3 与外强迫影响因子有关

4.3.1 海温

(1)ENSO与环洞庭湖区季降水的关系

ENSO是厄尔尼诺与南方涛动的合称。厄尔尼诺和拉尼娜则是ENSO循环过程中冷暖两种不同位相的异常状态，一般把厄尔尼诺现象称为ENSO暖事件，拉尼娜现象称为ENSO冷事件。

对于ENSO事件对湖南气候的影响，段德寅(1999)、罗伯良(2001)、余曼平(1999)等研究了湖南汛期降水对ENSO事件的响应，发现ENSO事件次年，湖南汛期降水一般偏多，湖南北部尤其是环洞庭湖区降水偏多易发生洪涝是ENSO事件次年湖南夏季旱涝的主要特征。环洞庭湖区为长江中游南部平原，已有研究表明，ENSO事件与环洞庭湖区的降水异常之间存在着较密切的关系。这里在已有的研究基础上做进一步的扩展研究，分析近百年环洞庭湖区降水不同时间段对ENSO循环的两种事件的响应。

表4.12给出了1909—2008年间的厄尔尼诺和拉尼娜事件。根据环洞庭湖区21个气象站观测资料构建的1909—2008年降水资料序列，统计了厄尔尼诺事件当年和次年各季(春季为3月、4月和5月，夏季为6月、7月和8月，秋季为9月、10月和11月，冬季为12月、1月和2月)降水与多年气候值，结果列于表4.13。由表4.13可见，厄尔尼诺事件发生当年，春、夏季降水以偏少为主，气候概率分别为57.7%和73.1%，秋、冬季降水则以偏多为主，气候概率为69.2%。厄尔尼诺事件发生次年，春、夏季降水则以偏多为主，气候概率分别为57.7%和65.4%，秋季降水则以偏少为主，气候概率为69.2%。

表 4.12 1909—2008 年间的厄尔尼诺和拉尼娜事件

厄尔尼诺	1911、1913—1914、1918、1923、1925、1930、1935、1940—1941、1944—1945、1948、1951、1953、1957、1963、1965、1968—1969、1972、1976、1982—1983、1986—1987、1991、1993、1994、1997、2002、2004、2006
拉尼娜	1909、1912、1916、1921、1924、1933、1937、1942、1946、1954、1964、1967、1970、1973、1975、1988、1998—1999、2007

表 4.13 厄尔尼诺事件当年和次年环洞庭湖区季降水异常统计结果

		春季	夏季	秋季	冬季
当年	偏少	15/26	19/26	8/26	8/26
	偏多	11/26	7/26	18/26	18/26
次年	偏少	11/26	9/26	18/26	
	偏多	15/26	17/26	8/26	

图 4.4 给出了厄尔尼诺事件发生次年，春、夏、秋季环洞庭湖区降水分布趋势，由图可见，El Nino 事件发生次年，春、夏季降水虽以偏多为主，但在强度上也具有明显的气候阶段性，春季 20 世纪 30 年代至 21 世纪初，降水偏多强度较大，其他年份则接近常年或偏少。夏季则从 20 世纪 50 年代以来降水强度较大，其中降水偏多最为显著的有 1969 年、1954 年、1998 年和 1996 年。秋季除 1914 年降水偏多例外，其余 25 次均偏少或接近常年。

拉尼娜事件与环洞庭湖区降水也存在一定关系，表 4.14 给出了发生当年和次年环洞庭湖区降水与多年气候平均值比较结果。由表可知，拉尼娜事件当年和次年环洞庭湖区各季降水与厄尔尼诺事件基本相反，当年春、夏季以偏多为主，出现的气候概率分别为 55.6% 和 61.1%；秋、冬季降水则以偏少为主，出现的气候概率分别为 61.1%和 77.8%。次年春、夏、秋季降水均以偏多为主，出现的气候概率春季为 66.7%，夏、秋季为 72.2%。

以上统计事实说明，ENSO 事件对环洞庭湖区降水的影响具多样性，以上结论只是多年平均结果。但这里给出的 ENSO 事件对环洞庭湖区降水影响的统计概念模型对确知已形成当年的冬季和次年的春、夏、秋季降水趋势预测具有一定的指示意义。当然，ENSO 仅是其中的一个强信号。

表 4.14 拉尼娜事件当年和次年环洞庭湖区季降水异常统计结果

		春季	夏季	秋季	冬季
当年	偏少	8/18	7/18	11/18	14/18
	偏多	10/18	11/18	7/18	4/18
次年	偏少	12/18	13/18	13/18	
	偏多	6/18	5/18	5/18	

(2)环洞庭湖区季降水与全球大洋海温异常的关系

为了寻找环洞庭湖区降水与全球海温的显著相关海区和关键时段，首先将环洞庭湖区作为一个点，利用区域平均的 1960—2008 年共 49 年的各季降雨量与 1959—2008 年共 50 年超前 1 年至当年共 24 个月全球海温逐月的格点数据求相关，得到每季 24 张逐月相关图(图略)。从相关图上发现，春季降水与海温关系不明显，秋季降水与前一年 10—12 月赤道中东太平洋

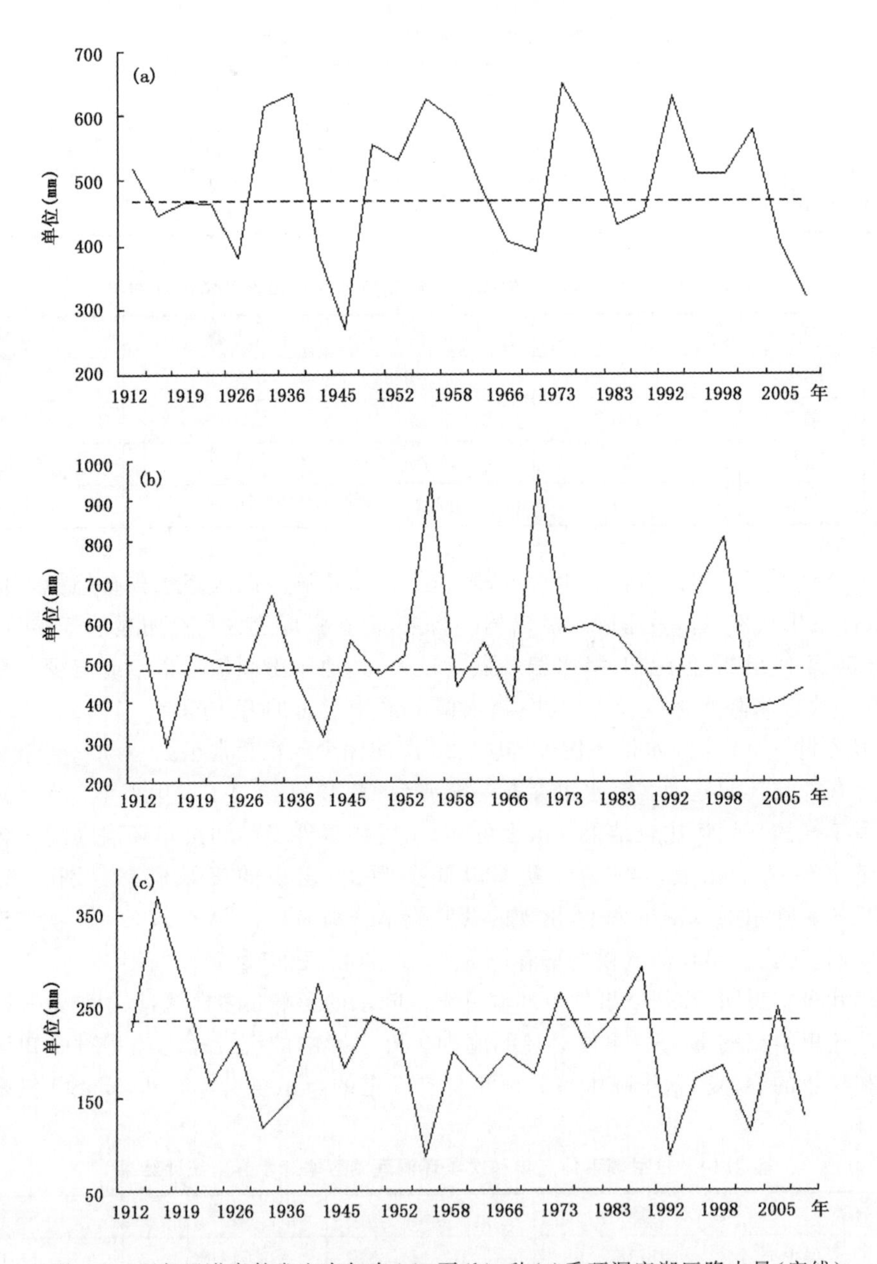

图 4.4 厄尔尼诺事件发生次年春(a)、夏(b)、秋(c)季环洞庭湖区降水量(实线)
(虚线为多年平均值)

海区海温正相关显著，通过 $\alpha=0.05$ 显著性检验。冬季降水与当年 1—5 月印度洋北部赤道附近海区海温正相关显著，通过 $\alpha=0.05$ 显著性检验。夏季降水与全球大洋海温关系最明显。因此，以下将主要分析夏季降水与海温异常的关系。

经过对比分析，发现环洞庭湖区夏季降水与全球大洋主要显著相关并且稳定的区域分布在如下 3 个海区：一是从上年 5 月开始，低纬中东太平洋海区存在一个稳定的舌状显著正相关区，相关系数达 0.3 以上，通过了 $\alpha=0.05$ 的显著性检验。上年 7 月以后，该正相关区域往东南方向延伸至赤道以南，南美大陆西侧的太平洋海域，并一直维持到当年的 1 月。二是从当年

2 月开始，西太平洋暖池北部的小范围区域有一显著正相关区，相关系数超过 0.4，到当年 5 月，暖池的正相关强度则减弱，相关系数不再显著。三是当年 2—4 月，印度洋北部马尔代夫群岛附近存在一个以赤道为轴的南北方向对称的大范围显著正相关区，相关系数超过 0.3。到当年 5 月开始，正相关强度减弱，显著相关区域范围缩小。

通过综合 24 张相关图，考虑相关系数的大小、相关区域的稳定性等因素，分析与环洞庭湖区夏季降水有不同时滞的相关关系，选取上年 5 月至当年 1 月低纬中东太平洋海区（120°～150°W，10°～30°N）作为具有显著时滞耦合关系的两气象场相互影响的“关键区”Ⅰ；当年 2—4 月西太平洋暖池北部的小范围海区（120°～160°E，24°～36°N）作为“关键区”Ⅱ；当年 2—4 月印度洋北部赤道附近的海区（60°～90°E，10°N～10°S）作为“关键区”Ⅲ（图 4.5 和图 4.6）。下面将分别对环洞庭湖区夏季降水与这三个关键区海温的关系进行分析。

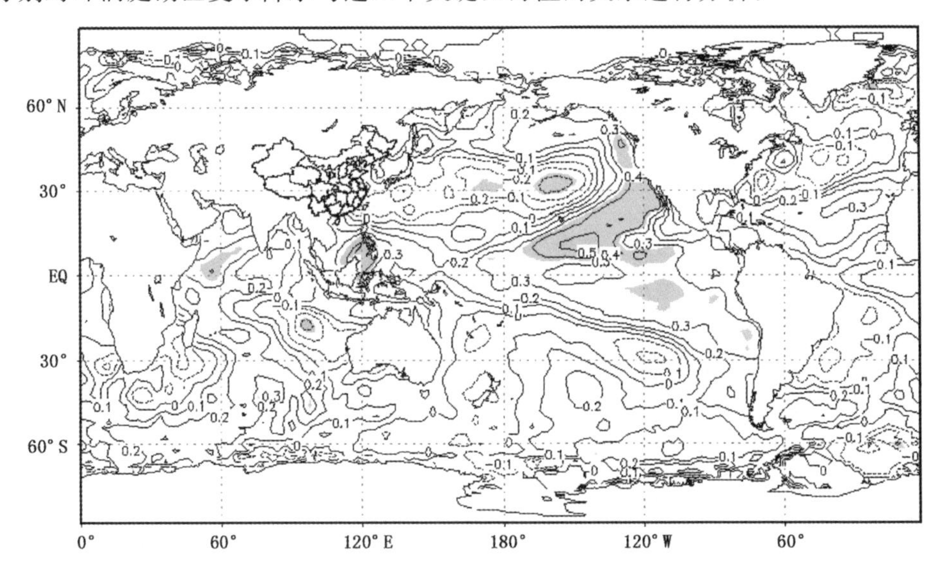

图 4.5　环洞庭湖区夏季降水与前一年 6 月全球海温相关系数分布图

（浅阴影区为通过 $\alpha=0.05$ 显著性检验，深阴影区为通过 $\alpha=0.01$ 显著性检验，下同）

根据 SVD 方法，(1)设“关键区”Ⅰ共 176 个格点上年 5 月至当年 1 月（1959 年 5 月—2008 年 1 月共 49 年）平均海温距平场为左场，$X(t)=[x_1(t),\ x_2(t),\cdots,\ x_{176}(t)]'$，环洞庭湖区 21 个气象台站夏季（1960—2008 年共 49 年）降水量距平场为右场，$Y(t)=[y_1(t),\ y_2(t),\ \cdots,\ y_{21}(t)]'$，做 SVD 分析；(2)以“关键区”Ⅱ共 140 个格点当年 2 月至 4 月（1960—2008 年共 49 年）海温场为左场做 SVD 分析；(3)以“关键区”Ⅲ共 175 个格点当年 2—4 月（1960—2008 年共 49 年）海温场为左场做 SVD 分析。

一般地，左右场奇异向量的时间系数相关越高，则左右奇异向量间的关系越密切。环洞庭湖区夏季降水量标准化距平场与“关键区”Ⅰ做 SVD 分析，第一模态的协方差贡献百分率为 13.02%，相应的模态相关系数为 0.50，通过 $\alpha=0.01$ 的显著性检验，说明第一模态反映了环洞庭湖区夏季降水场与低纬中东太平洋海区海温场相关关系的主要信息，且两向量场关系密切。图 4.7 给出了环洞庭湖区夏季降水标准化距平场与关键区Ⅰ标准化海温场 SVD 分解的第一对左右奇异向量场即第一模态的同性相关系数图。由图 4.7a 可以看出，海温场第一模态的空间分布型仅西北角为负相关区，且相关系数不大。其余大部分区域为正相关区，高相关中

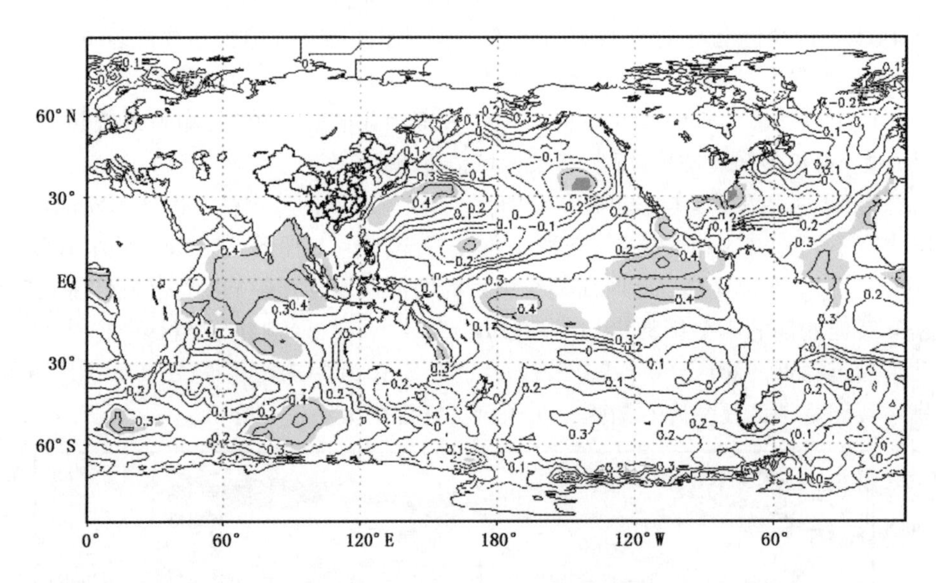

图 4.6　环洞庭湖区夏季降水与当年 3 月全球海温相关系数分布图

心位于 14°N 海域，相关系数超过 0.8，通过 $\alpha=0.001$ 的显著性检验。与之对应，环洞庭湖区夏季降水场的第一空间分布型为一致的正相关区，高相关区位于 29°N 附近的汉寿、沅江一带，相关系数达 0.8 以上（图 4.7b）。这对空间分布型表明，低纬中东太平洋海区的海温场（“关键区”Ⅰ）与环洞庭湖区夏季降水场之间存在显著的时滞耦合关系，即前一年 5 月至当年 1 月“关键区”Ⅰ的海温偏高（低），环洞庭湖区当年夏季降水偏多（少）。

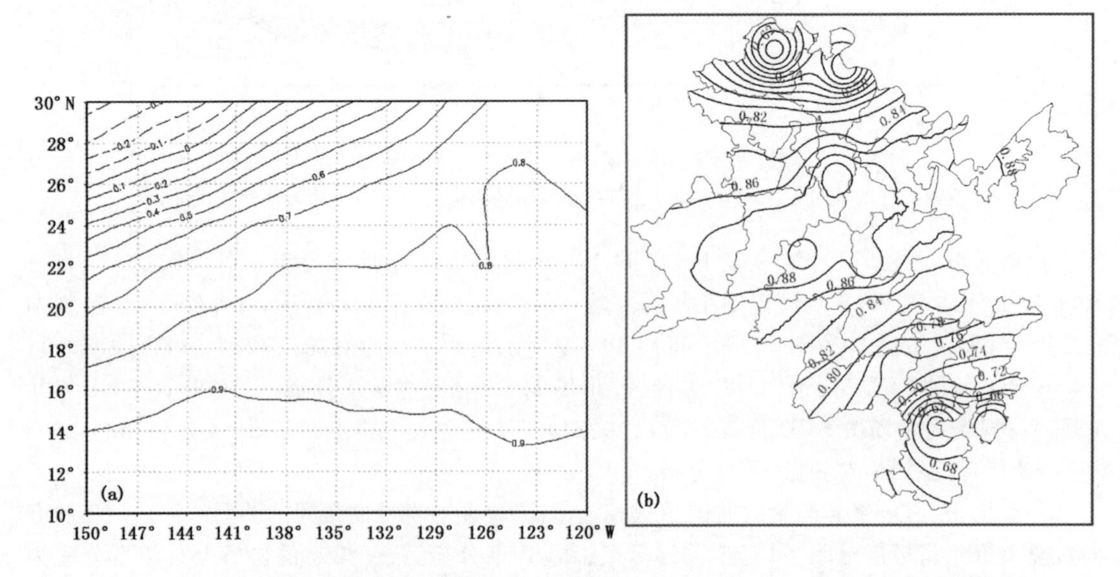

图 4.7　环洞庭湖区夏季降水场与“关键区”Ⅰ的海温 SVD 分解第一模态同性相关系数分布图

图 4.8 给出的是环洞庭湖区夏季降水场与“关键区”Ⅰ海温场第一模态的时间系数变化图。两者变化非常一致，相关系数达 0.5，说明两场的变化有密切联系。如 1963 年、1972 年和 2000 年等严重干旱年与 1969 年、1998 年等严重洪涝年，两者都有很好的对应关系。

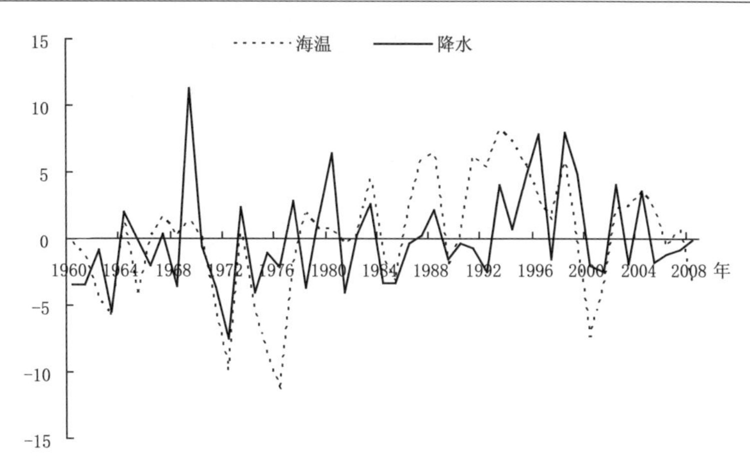

图 4.8 环洞庭湖区夏季降水场与“关键区”Ⅰ海温场 SVD 分解第一模态时间系数变化图

与“关键区”Ⅱ做 SVD 分析，第一模态的协方差贡献百分率为 12.13%，相应的模态相关系数为 0.39。图 4.9 给出了环洞庭湖区夏季降水标准化距平场与“关键区”Ⅱ西太平洋暖池北部标准化海温场 SVD 分解的第一模态同性相关系数图。由图 4.9a 可以看出，海温场第一

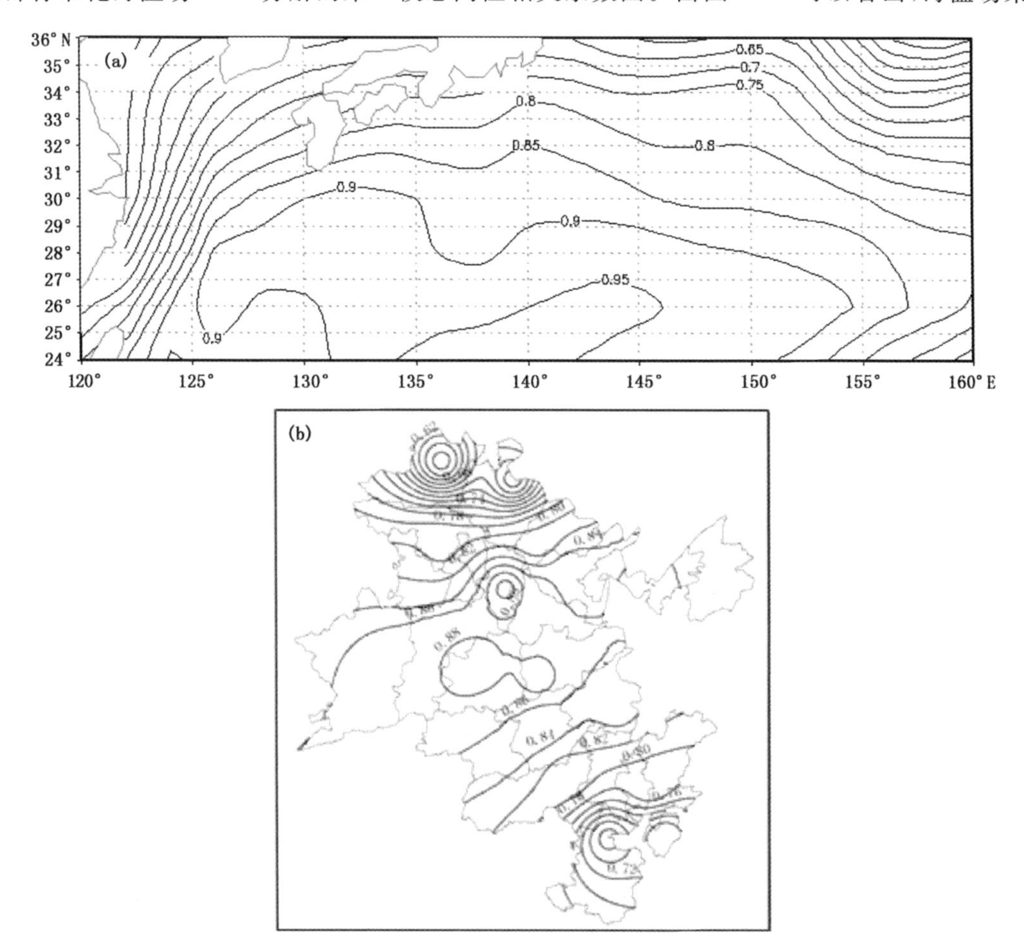

图 4.9 环洞庭湖区夏季降水场与“关键区”Ⅱ的海温 SVD 分解第一模态同性相关系数分布图

空间分布型为一致的正相关区，高相关中心位于29°N以南海域，相关系数超过0.9。对应的环洞庭湖区夏季降水场第一空间分布型同样为一致正相关区，高相关区域与“关键区”Ⅰ第一模态相似，位于常德、汉寿、沅江一带。这对空间分布型表明，“关键区”Ⅱ西太平洋暖池北部海区的海温场与环洞庭湖区夏季降水场之间存在显著的遥相关关系，即当年2—4月关键区Ⅱ的海温偏高(低)，环洞庭湖区当年夏季降水偏多(少)。

图4.10给出的是环洞庭湖区夏季降水场与“关键区”Ⅱ海温场第一模态的时间系数变化图。由图可见，两者变化一致，时间系数变化趋势能清楚地反映1960—2008年环洞庭湖区发生的主要旱涝事件，且强度吻合较好。

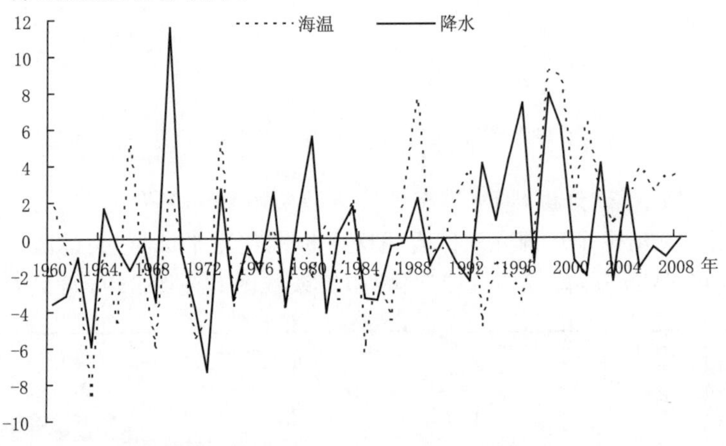

图4.10　环洞庭湖区夏季降水场与“关键区”Ⅱ海温场SVD分解第一模态时间系数变化图

与“关键区”Ⅲ做SVD分析，第一模态的协方差贡献百分率为11.97%，相应的模态相关系数为0.50。图4.11给出了环洞庭湖区夏季降水标准化距平场与“关键区”Ⅲ(印度洋北部赤道附近海区)标准化海温场SVD分解的第一模态同性相关系数图。由图4.11可以看出，海

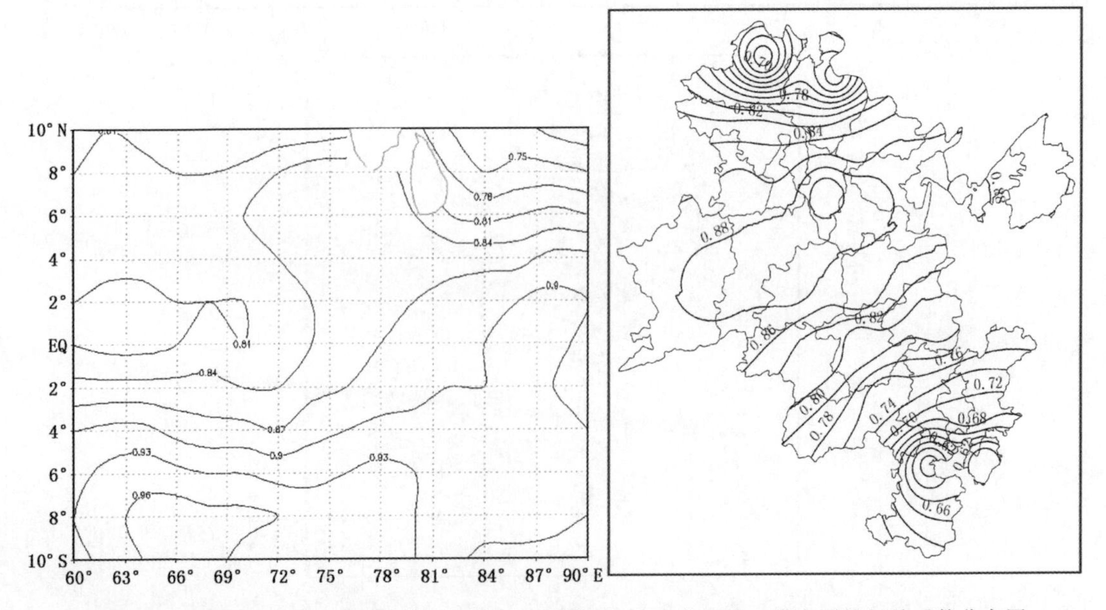

图4.11　环洞庭湖区夏季降水场与“关键区”Ⅲ的海温SVD分解第一模态同性相关系数分布图

温场第一空间分布型为一致的正相关区，高相关中心位于赤道以南海域，相关系数超过0.8，4°S以南区域相关系数达0.9以上。环洞庭湖区夏季降水场第一空间分布型同样为一致正相关区，高相关区域与“关键区”Ⅰ、Ⅱ第一模态相比略有偏北，位于安乡、岳阳一带。这对空间分布型表明，“关键区”Ⅲ海温场与环洞庭湖区夏季降水场之间存在密切的正相关关系，即当年2—4月“关键区”Ⅲ的海温偏高(低)，环洞庭湖区当年夏季降水偏多(少)。

图4.12为环洞庭湖区夏季降水场与“关键区”Ⅲ海温场第一模态的时间系数变化图。可以看出，两者演变趋势基本一致，同样说明两场存在显著的时滞耦合关系。

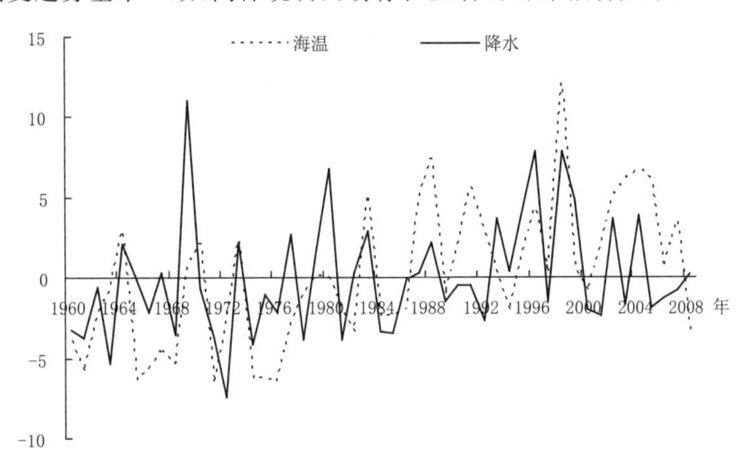

图4.12 环洞庭湖区夏季降水场与“关键区”Ⅲ海温场SVD分解第一模态时间系数变化图

张琼等(2003)对长江中下游旱涝月环流异常和海温异常的分析发现，夏季南海海温分别与前冬赤道东太平洋海温和前春赤道印度洋海温存在显著正相关关系。这两个海区分别对应于本文的“关键区”Ⅰ和Ⅲ，当关键区海温异常偏暖时，则夏季南海海温异常偏暖，南海低空出现异常偏南风，有充足的水汽向我国南方输送，从而使得包括环洞庭湖区在内的长江流域容易出现洪涝。因此可以说关键区海温场的异常变化是预测环洞庭湖区夏季降水异常的一个重要前兆信号。

(3)环洞庭湖区季气温与全球大洋海温异常的关系

与降水和海温相关分析方法相同，得到环洞庭湖区各季海温与前期和当年逐月全球大洋海温相关分析图(图略)。结果表明，春季气温与前冬西太平洋暖池附近海温相关显著，通过$\alpha=0.05$显著性检验，当年3月以后正相关减弱，相关显著区域缩小。夏季气温与大洋海温相关不明显，没有一个能够稳定维持并且相关显著的关键区。秋季气温与两个海区海温相关明显(图4.13)，一是从上年12月开始孟加拉湾和阿拉伯海北部有一小范围通过$\alpha=0.05$显著性检验的正相关区域，从当年1—4月显著正相关区域增大，范围覆盖赤道附近北印度洋大部分区域，5月开始显著正相关区域退回至孟加拉湾海域，范围减小，至7月以后这一显著相关区基本消失。另一与秋季气温相关显著的区域是从上年8月开始的赤道中东太平洋海区，相关系数大于0.4，通过$\alpha=0.05$显著性检验。显著相关区域一直稳定维持到当年的2月。从3月开始，显著正相关区域范围变小，6月以后相关系数在0.3以下，显著相关区域基本消失。我国东海附近海区从上年12月开始与环洞庭湖区冬季气温有一小范围显著正相关区，相关系数通过$\alpha=0.05$显著性检验。到当年3月，该显著正相关区范围向南有所延伸，4月以后两者相关关系减弱，相关系数不显著。

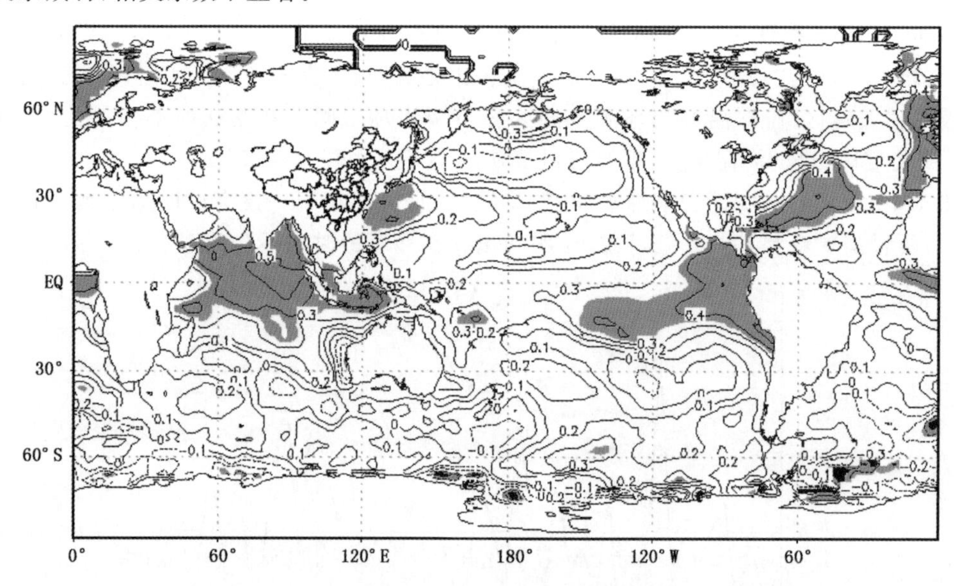

图 4.13　环洞庭湖区秋季气温图，4 月与当年 1 月全球海温相关系数分布图
（阴影区为通过 α=0.05 显著性检验）

4.3.2　积雪

（1）青藏高原的多雪年和少雪年

青藏高原冬春积雪多寡所引起的气候效应受到众多学者关注，近年来，中国科学家从青藏高原积雪资料的来源、青藏高原积雪自身的时空分布特征，与大气环流、亚洲季风、夏季降水关系等方面进行了深入研究。如韦志刚等（2002，1998）对地面气象台站雪深资料、SMMR 积雪资料、NOAA 周积雪面积图等进行对比分析，指出青藏高原地面站雪深资料能较好地反映青藏高原地区积雪量的年际变化，同时还研究了地面积雪分布和变化特征以及与我国夏季降水的关系，研究认为冬春高原积雪与长江中下游降水呈显著正相关；但也有的研究认为冬春高原积雪仅与初夏（5—6 月）华南降水呈正相关，与长江流域降水呈负相关。这主要是由于应用不同的积雪资料如卫星和地面观测资料引起的，当然对同一积雪资料计算与处理的差异比如以不同月份代表冬春积雪也是一个原因。

由于青藏高原测站稀少，分布不均，对大范围青藏高原积雪观测精度不足，且各台站对积雪观测的起始时间也不一样。因此，青藏高原积雪资料的代表性受到一定影响。而卫星资料观测年代较短，且存在一定误差，难以满足研究需要。在以往研究工作中，不同作者使用了不同来源、不同地区、不同年份的青藏高原积雪资料，这就导致了青藏高原冬春积雪异常对夏季降水的影响的研究结果不完全一致。

钟爱华等（2010）对青藏高原（以下简称高原）积雪异常年划分的部分成果进行了归纳整理，为确定出 1957—2003 年高原典型的冬春积雪异常年，按多数原则，综合该年在各种资料中出现的次数进行判定，如果该积雪异常年在不同资料中多次被归为多雪年，则将其确定为多雪年，反之亦然。挑选出典型的青藏高原前一年冬季和当年春季的积雪异常年份，多雪年有 16 年：1957 年，1962 年，1964 年，1968 年，1973 年，1978 年，1979 年，1980 年，1983 年，1986 年，

1989 年,1998 年,1999 年,2000 年,2002 年和 2003 年;少雪年有 15 年:1958 年,1963 年,1965 年,1967 年,1969 年,1970 年,1971 年,1976 年,1977 年,1981 年,1982 年,1984 年,1985 年,1992 年和 2001 年。

(2)青藏高原异常积雪对环洞庭湖区夏季降水的影响

积雪作为影响青藏高原上空大气热力程度的重要因子对亚洲季风的形成和影响早已被人们所瞩目,并且取得了许多重要成果。陈烈庭等(1981)指出,冬春季节青藏高原积雪偏多,使 6 月东亚季风推迟,华南降水偏多;徐国昌等(1994)指出,3 月高原雪盖面积偏大时,5 月东亚北风偏强,中国北方降水偏少。李维京(1998)从冬季青藏高原积雪日数与冬季北半球 500hPa 高度场相关图上发现(图略),当冬季高原多雪时,亚洲到太平洋地区为北低南高的距平型,说明纬向环流占优势,东亚冬季风偏弱,副高偏强;反之,当冬季青藏高原少雪时,亚洲到太平洋地区为北高南低的距平型,即经向环流占优势,东亚冬季风偏强,西太平洋副高偏弱。由冬季高原积雪与夏季环流的相关关系可知(图略),当冬季高原多雪时,夏季东亚地区从高纬到低纬为"+ - +"的距平型,经向环流发展,副高偏强,对应中国主要雨带位置也偏南;反之,当冬季高原少雪时,夏季东亚地区从高纬到低纬为"- + -"的距平型,纬向环流盛行,副高偏弱,对应中国主要雨带位置也偏北。

为了分析青藏高原异常积雪对环洞庭湖区夏季降水的影响,这里利用上述多雪年和少雪年序列与环洞庭湖区夏季 21 个站 6—8 月降水量距平百分率资料进行分析。

统计结果列于表 4.15。从表中可以看到,在青藏高原 15 个少雪年中,对应环洞庭湖区夏季降水距平百分率为负值的有 13 年,比率为 86.7%(13/15),其中包括 1963 年、1971 年、1981 年和 1985 年等大干旱年,特别是对应了新中国成立后湖南的特大干旱年,即 1960 年、1963 年和 1985 年。但是,在少雪年中也有对应环洞庭湖区为大洪涝年(1977)和特大洪涝年(1969)等情况。在青藏高原 16 个多雪年中,对应环洞庭湖区夏季降水距平百分率为正和负值的各有 8 年,其中包括 1968 年、1978 年和 2003 年等大干旱年,也包括 1998 年、1999 年和 2002 年等大洪涝年。

表 4.15 青藏高原多(少)雪年与环洞庭湖区夏季降水异常

多雪年	降水距平百分率(%)	少雪年	降水距平百分率(%)
1957	−12.1	1958	−9.5
1962	−10.8	1963	−52.3
1964	12.7	1965	−4.1
1968	−33.8	1967	−3.5
1973	18.1	1969	98.5
1978	−35.3	1970	−6.3
1979	11.6	1971	−33.7
1980	50	1976	−19.5
1983	16.4	1977	22.2
1986	−5.2	1981	−37.4
1989	−14.9	1982	−0.1
1998	66.5	1984	−31
1999	44.9	1985	−32.1
2000	−16.9	1992	−24.1
2002	34.3	2001	−23.1
2003	−21		

上述青藏高原冬季少雪、环洞庭湖区夏季降水总体上容易偏少的统计结果，与前述李维京(1998)关于高原冬季少雪、长江中上游夏季降水偏少的研究结论是相符合的，但关于高原冬季多雪、长江中上游夏季降水易偏多的结论有些差异。当然，在青藏高原冬季积雪异常增多或异常减少的情况出现以后，还必须有相应的环流形势相配合，才会造成环洞庭湖区夏季降水偏多或偏少，否则可能出现例外情况。这也说明青藏高原冬季积雪异常只是影响环洞庭湖区夏季降水异常的原因之一。

4.3.3 太阳黑子

(1)太阳黑子与降水的关系

通过对环洞庭湖区各季和各月降水与太阳黑子相关分析(表 4.16 和表 4.17)可知：环洞庭湖区春季降水与前期 2 月太阳黑子的相关较好，相关系数为 0.252，通过 $\alpha=0.05(0.250)$的显著性检验。但冬季、夏季和秋季降水与前期 12 个月的太阳黑子相关不显著。

环洞庭湖区各月降水与太阳黑子相关计算结果表明，只有 2 月和 3 月降水与太阳黑子相关较好，其中 2 月降水与前期 4 月太阳黑子相关系数为 0.291，通过 $\alpha=0.05$ 的显著性检验。3 月降水与前期春季、7—8 月、10—11 月、冬季和同期太阳黑子相关性好，与 2 月相关最好，相关系数 0.415，通过 $\alpha=0.01$ 的显著性检验。

表 4.16 春季降水与太阳黑子相关系数表

月份	3月	4月	5月	6月	7月	8月	9月	10月	11月	12月	1月	2月
相关系数	0.135	0.154	0.128	0.176	0.134	0.191	0.245	0.223	0.19	0.24	0.2	0.252*

表 4.17 3 月降水与太阳黑子相关系数表

月份	3月	4月	5月	6月	7月	8月	9月	10月	11月	12月	1月	2月	3月
相关系数	0.275*	0.253*	0.265*	0.214	0.289*	0.354*	0.238	0.276*	0.28*	0.287*	0.27*	0.415*	0.292*

尽管各月太阳黑子与环洞庭湖区夏季降水的相关关系并不明显，但是分析太阳黑子年平均数和夏季降水量的年变化(图 4.14)会发现，两者的相关随时间呈现明显的阶段性变化。20世纪 80 年代中期以前两者相关系数为 0.187，呈现正相关关系，80 年代中期以后，两者转变为

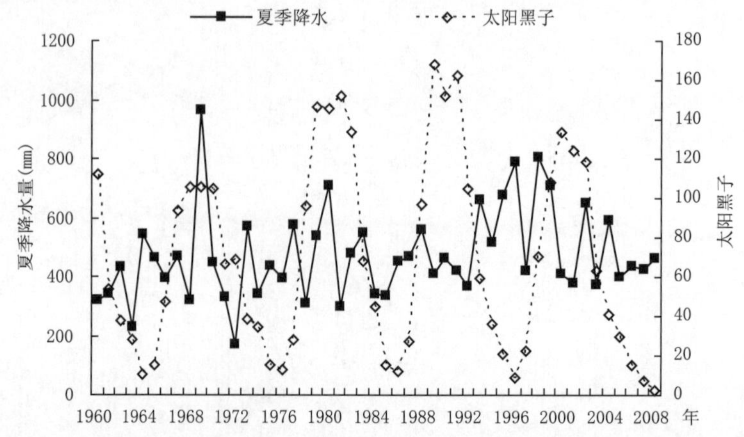

图 4.14 1960—2008 年环洞庭湖区平均夏季降水与太阳黑子年际变化曲线

负相关关系，相关系数为－0.164。尽管相关系数均未通过 $\alpha=0.10$ 的显著性检验，但是两者相关关系随时间的变化仍然很显著。如图 4.14 可以看出，太阳黑子几次位相的转变时间与环洞庭湖区夏季降水位相转变的时间比较接近。如 1969 年和 1980 年太阳黑子数处于峰值时正是环洞庭湖区夏季降水的高值年，两者位相变化一致；1996 年太阳黑子处在低期时，环洞庭湖区夏季降水量偏多，2000 年太阳黑子处在偏高期时，夏季降水量偏少。

(2)太阳黑子与气温的关系

一些观测事实证明，太阳黑子的活动通过影响地表获得的太阳辐射进而影响地表温度。环洞庭湖区各月气温与太阳黑子相关计算结果表明，5 月和 8 月气温与太阳黑子相关较好，其中 5 月气温与前期 9 月太阳黑子相关较好，相关系数为－0.279，通过 $\alpha=0.05(0.273)$ 显著性检验。8 月气温与前期 10—11 月、6 月太阳黑子相关性好，与 11 月相关最好，相关系数－0.296，通过 $\alpha=0.05$ 显著性检验(表 4.18)。

表 4.18　8 月气温与太阳黑子相关系数表

月份	8月	9月	10月	11月	12月	1月	2月	3月	4月	5月	6月	7月	8月
相关系数	－0.229	－0.249	－0.294*	－0.296*	－0.237	－0.191	－0.23	－0.193	－0.174	－0.201	－0.275*	－0.176	－0.123

图 4.15 为 1960—2008 年太阳黑子数和环洞庭湖区夏季平均气温年际变化曲线，从图中可以看出，环洞庭湖区夏季平均气温与太阳黑子存在一定的相关关系，其中太阳黑子的峰值年或谷值年前后，环洞庭湖区夏季气温较常年易偏高。如在 1981 年、1989 年和 2000 年 3 个太阳黑子峰值年，对应的 1981 年、1990 年和 2000 年环洞庭湖区夏季气温较常年偏高。说明太阳活动异常对环洞庭湖区气温有明显影响。

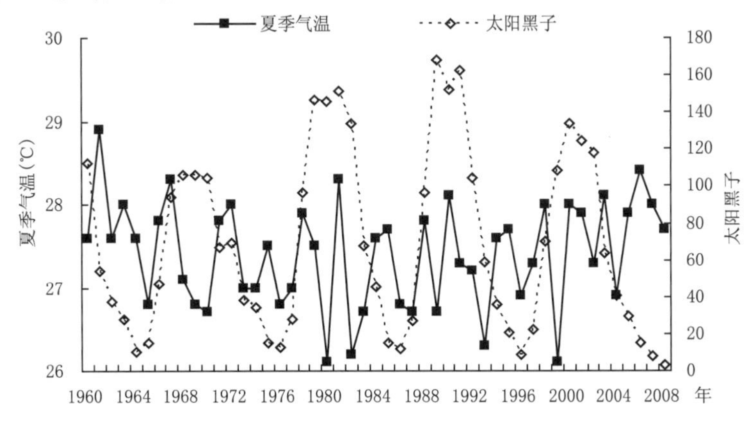

图 4.15　1960—2008 年环洞庭湖区平均夏季气温与太阳黑子年际变化曲线

4.4　与本土下垫面性质的改变有关

4.4.1　区域气候模型的选择

IPCC (Intergovernmental Panel on Climate Change)第一工作组 1990 年第一次科学评估报告、1992 年补充报告及 1995 年的第二次科学评估报告先后评估了世界各国近 40 个全球环流模式(GCM)。对全球和区域气候模拟的可靠性研究表明,20世纪90年代的GCM模式对全球气候的模拟具有较好的可靠性,对区域气候的模拟虽在有些区域、有些季节具有较好的模拟效果,但仍存在较大的不确定性。赵宗慈等曾经先后选用IPCC 1990—1992报告中的7个GCM和1995报告中的5个GCM作东亚与中国地区(15°~60°N,70°~140°E)模拟可靠性评估。分析与研究表明,GCM模式对东亚与中国地区大致可以模拟出气温与降水的分布趋势,但数值上差异较大。综上所述,目前的全球环流模式在模拟区域气候上具有一定的模拟能力,但尚存在较大不确定性,且由于全球环流模式的水平分辨率较低,难于较为细致地模拟出区域气候的具体特点,因而需要着重研究模拟区域气候的方案。

区域气候模式研究及模拟应用在近年来取得了进展,在东亚地区应用的区域气候模式包括RegCM_NCC、IPRC-RegCM、RAMS、RIEMS、PσRCM9、CREM以及RegCM系列等。由于区域气候模式能够考虑大尺度强迫和中、小尺度强迫的相互作用,能比大气环流模式(GCM)更合理地描述复杂地形、海陆差异、土地利用等次-GCM网格的尺度强迫效应,因此,将陆面过程模型耦合应用于水平分辨率较高的区域气候模式,能减少区域气候模式内物理过程描述的不准确所带来的不确定性,改善区域气候数值模拟,对于改进由陆面过程引起的中尺度强迫对区域气候影响的模拟与预测具有重要意义。

本工作选用意大利国际理论物理中心(Abdus Salam International Centre for Theoretical Physics)开发的区域气候模式RegCM3,开展洞庭湖水域面积变化对气候变化影响的模拟。RegCM3的动力核心与NCAR/PSU的静力平衡模式MM5相当。RegCM3模式在我国有着广泛的应用。张冬峰等(2005)使用RegCM3区域气候模式,嵌套欧洲数值预报中心(ECMWF)ERA40再分析资料,进行了中国区域15年时间长度(1987—2001)的积分试验。高学杰等(2007)探讨了不同植被状况(实际植被和理想植被)对气候的影响,表明土地利用引起了年平均降水在南方增加、北方减少,年平均气温在南方显著降低。张冬峰分析了模式对东亚平均环流及中国地区气温和降水的模拟,表明模式对东亚平均环流的特征和中国地区降水、地面气温的年、季地理分布和季节变化特征均具有一定的模拟能力,对气温和降水年际变率的模拟也较好。刘晓东等(2005)利用最新发布的区域气候模式RegCM3对1998年5—8月中国东部降水进行了模拟试验,考察了模式对降水和大尺度环流系统的模拟能力。廉丽姝等(2007)较好地模拟出我国夏季的近地面温度场的分布形势,较真实地描述出我国夏季的主要高、低温中心以及气温的月际变化,但模拟结果北方冷区范围偏大、东部高温区范围较小,整个温度场的模拟结果较实际观测结果偏低;Grell方案对我国夏季降水的模拟结果最接近实际降水场,可以模拟出我国夏季主要雨带的位置和范围,较准确地刻画出长江及华南雨带。

4.4.2 RegCM3的本地化

(1)实验区设置

采用兰伯特投影的双重嵌套网格,在母区域模式水平分辨率为60 km,区域中心位于112.8°E,29.0°N,格点数为61×61个,模拟母区域涵盖了我国东部地区,见图4.16。分别根据不同年代洞庭湖水域面积变化设置两组对比试验。由母区域模拟结果来作为子区域的初始场和侧边界条件驱动模式运行。洞庭湖试验组PL_W和FL_W试验的区域中心位于112.8°E,29.0°N,格点数为36×36个。母区域和嵌套区域模拟的时间段都为1971—2000年的每年的4月1日至9月30日。其中4月1—30日作为模式初始化时段。

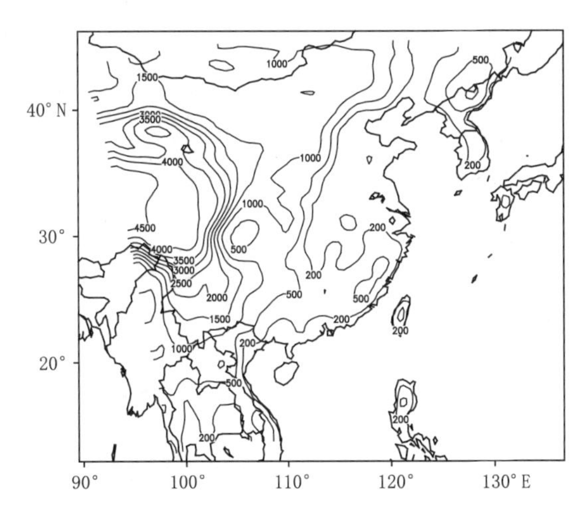

图 4.16　母区域地形高度图(单位:m)

模式的具体设置见表 4.19。

表 4.19　模式具体设置

模式内容	母区域	嵌套区域
投影	兰伯特投影	兰伯特投影
格距	60 km	15 km
格点数	61×61	36×36
模式分层	18	18
模式顶层高度	50 hPa	50 hPa
辐射方案	NCAR CCM3	NCAR CCM3
陆面模型	BA TS1e (生物圈—大气圈传输方案)	BA TS1e
行星边界层方案	Holtslag	Holtslag
对流降水方案	Grell(Arakawa&Schubter)	Grell(Arakawa&Schubter)
海温	*GISST*(英国 Hadley 气候研究中心)	*GISST*
侧边界条件	松弛指数方案	松弛指数方案
初始场和侧边界值	NNRP1	母区域运算结果

(2)模拟试验

英国 East Anglia 大学的 Climatic Research Unit (简称 CRU) 通过整合已有的若干个知名数据库,重建了一套覆盖完整、高分辨率、且无中断的地表气候要素数据集,时间为 1901—2003 年。该数据集提供了 9 个地表变量的 1901—2003 年月平均场,空间分辨率达到 0.5°×0.5°(约 50 km)。本次模拟采用该数据集 1971—2000 年的平均气温、降水作为模拟结果的对比资料。

从图 4.17 和图 4.18 可以看出,母区域模拟的 1971—2000 年 5—9 月平均气温与 CRU 相应 30 年 5—9 月平均气温在分布态势上保持一致,但数值上在模拟区域的大部分地区,尤其是我国东部,模拟温度较观测资料偏低 2℃左右,可以将该值作为一个系统性的"冷偏差";母区域模拟的 1971—2000 年 5—9 月总降水量与 CRU 相应 30 年 5—9 月总降水量在分布形式与量级上基本一致,但对我国广西、河北模拟的降水量较 CRU 的降水量偏大。说明母区域模拟结果可用于驱动嵌套区域模式的运行。

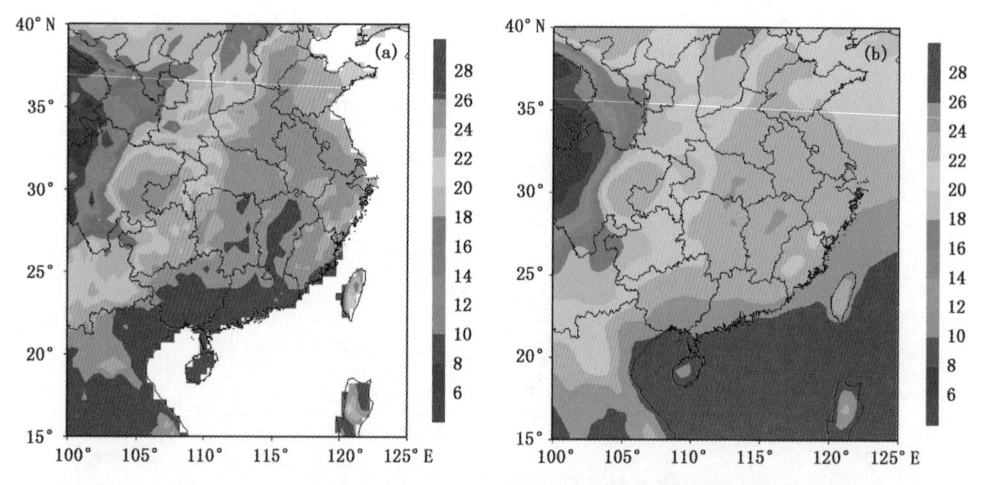

图 4.17 中国东部地区 1971—2000 年 5—9 月平均气温(单位:℃)(a. 来源于 CRU;b. 母区域模拟结果)

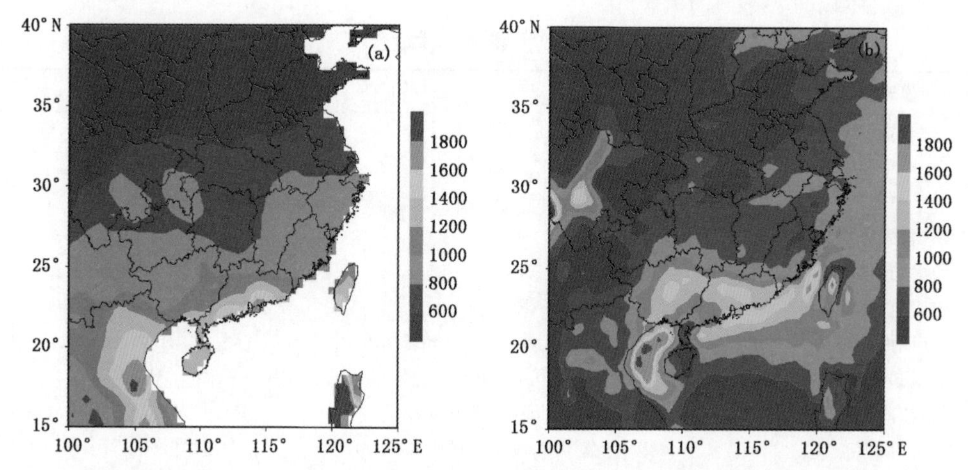

图 4.18 中国东部地区 1971—2000 年 5—9 月降水量(单位:mm)(a. 来源于 CRU;b. 母区域模拟结果)

4.4.3 洞庭湖水域面积变化对气候的影响模拟

(1) 相关定义

针对洞庭湖水域面积变化情况，在图 4.19 嵌套区域设置了 PL_W 和 FL_W 两个试验，分别采用不同洞庭湖水域面积 2600 km^2 和 4350 km^2，以分别代表 2000 年和新中国成立初期的洞庭湖水域面积，见图 4.20。

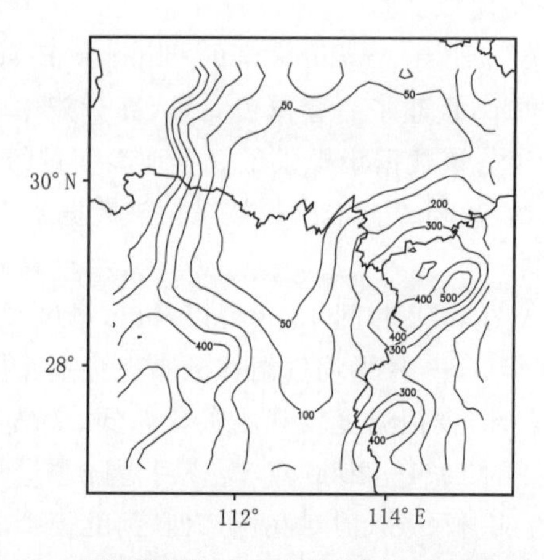

图 4.19 洞庭湖模拟试验组嵌套区域地形高度(m)

(2)洞庭湖水域面积变化对气候变化的影响

① 对地面气温的影响

图 4.21a 和图 4.21b 分别为试验 PL_W 和 FL_W 模拟的洞庭湖不同水体面积下

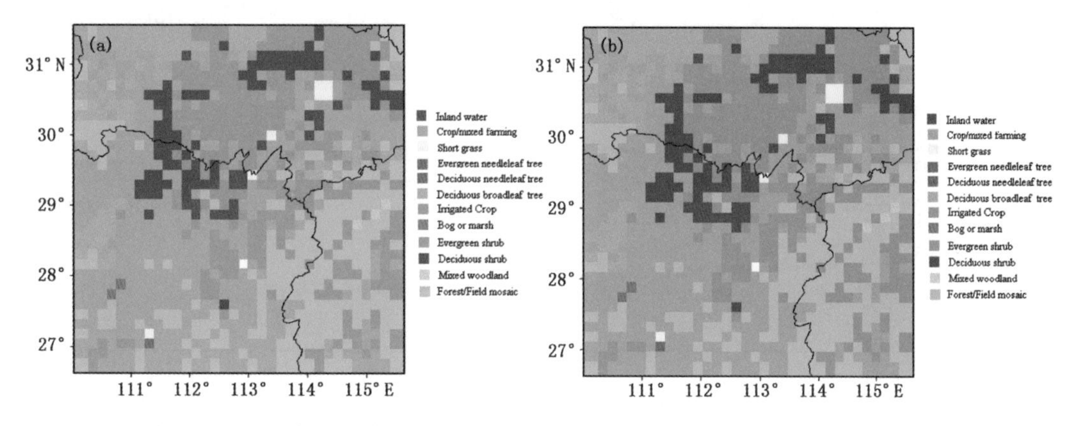

图 4.20 子区域土地利用情况(蓝色表示水体)(a) PL_W 试验;(b) FL_W 试验

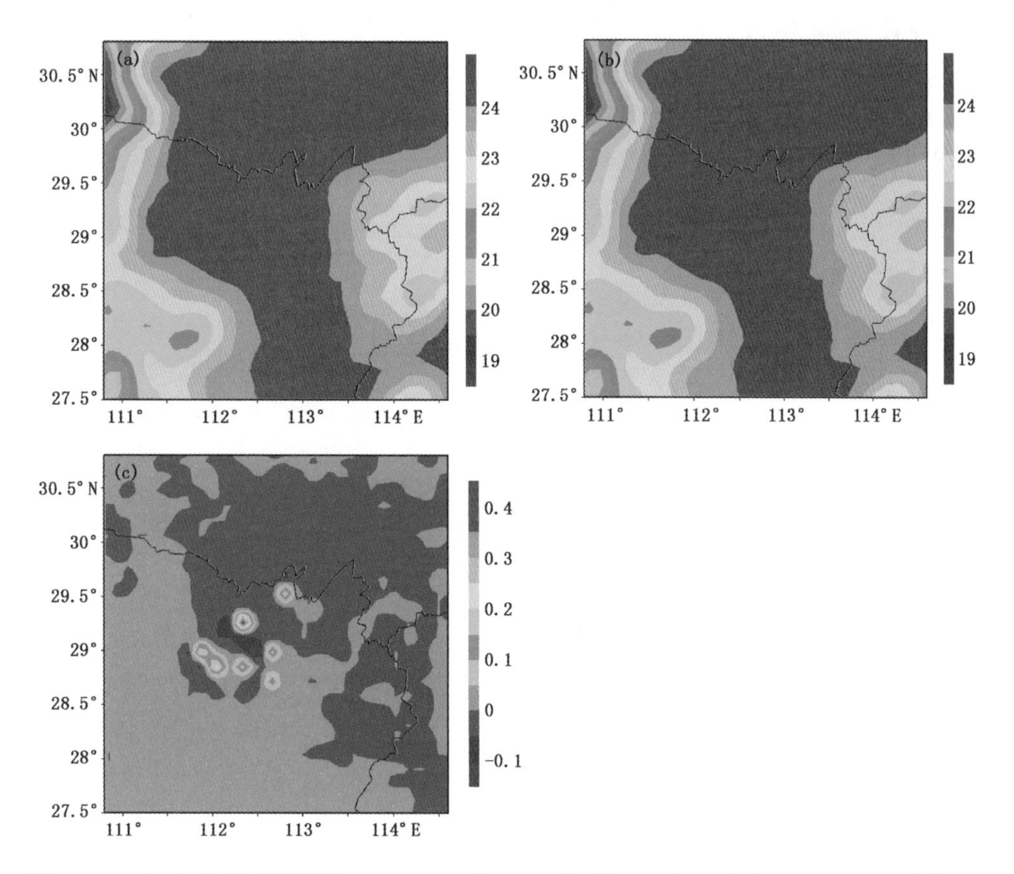

图 4.21 (a)PL_W 试验模拟的 1971—2000 年 5—9 月平均地面气温分布;(b)FL_W 试验模拟的 1971—2000 年 5—9 月平均气温分布;(c)PL_W 试验和 FL_W 试验的平均地面气温之差(℃)

1971—2000 年 5—9 月的平均地面气温,图 4.21c 为两个试验结果之差。可看出两个试验的地面平均气温分布态势一致,但在洞庭湖水域面积减少的情况下,地面气温有所升高,升幅在 0～0.4℃之间。从表 4.20 可以看出,两个试验的同类型区(模拟区域、湖面、含湖面的湖区、不含湖面的湖区)气温相近,但在水体变化区域(在 PL_W 试验为陆地,在 FL_W 试验为水体),PL_W 试验的地面气温平均值要较 FL_W 值高 0.12℃。说明土地性质变化区升温明显。本次模拟中湖区设为27.5°～30.5°N，111.5°～114.0°E之间海拔低于500 m的区域。（根据湖区23个站点选取大致的经纬度范围，考虑海拔低于500 m，是因为假设海拔500 m以上山地丘陵地区，受洞庭湖影响较小，不具备典型的环洞庭湖区海拔较低的特征。）

表4.20　不同实验条件下模拟区域、湖面、湖区、水体变化区域1971—2000年5—9月平均气温及差值(℃)

	模拟区域	湖面	湖区(含湖面)	湖区(不含湖面)	水体变化区域
PL试验	23.58	24.28	23.98	23.97	24.38
FL试验	23.57	24.26	23.98	23.96	24.26
PL－FL	0.01	0.02	0	0.01	0.12

由图4.22可知，在PL_W试验中，模拟的洞庭湖水体、湖区(不含水体)5—9月平均气温变化趋势一致，但洞庭湖面气温要较湖区(不含水体)高0.2～0.45℃。图4.23为FL_W试验模拟结果，分析结果与图4.22一致。

PL_W试验和FL_W试验中土地覆盖不同的区域，即在PL_W试验中为陆地、而在FL_W试验中为水体的区域，地面平均气温有较大差异，由图4.24可知，两者在变化趋势上一致，但在数值上PL_W要较FL_W高0～0.25℃。

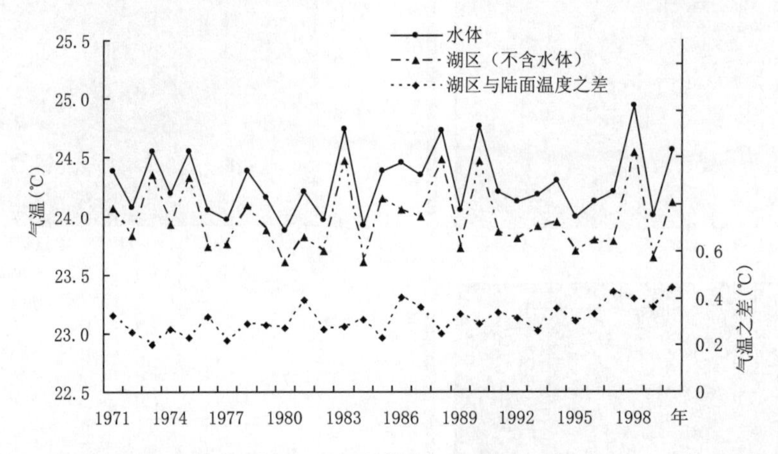

图4.22　PL_W试验模拟的水体、湖区(不含水体)5—9月地面平均气温及两者差值的变化曲线

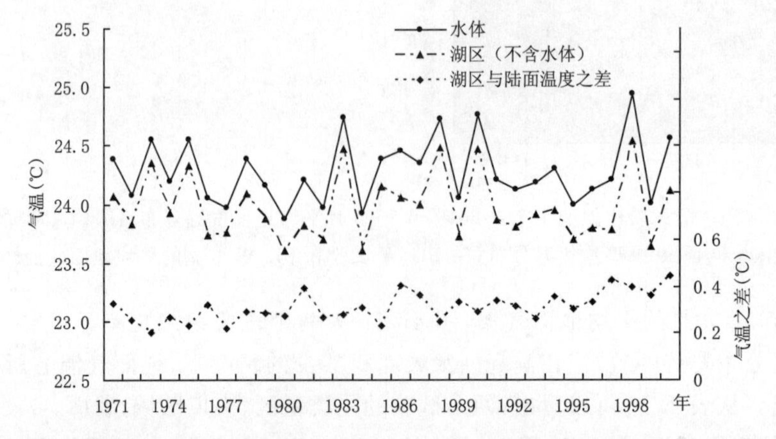

图4.23　FL_W试验模拟的水体、湖区(不含水体)5—9月地面平均气温及两者差值的变化曲线

②洞庭湖水域面积变化对降水量的影响

由图 4.25 可知，PL_W 试验和 FL_W 试验模拟的 1971—2000 年 5—9 月降水量分布形势基本一致；由图 4.25c 在湖区 PL_W 试验模拟的降水量与 FL_W 试验有一定差异，表现为洞庭湖周边地区降水增加 5～30 mm，水体变化区降水减少 10～30 mm。

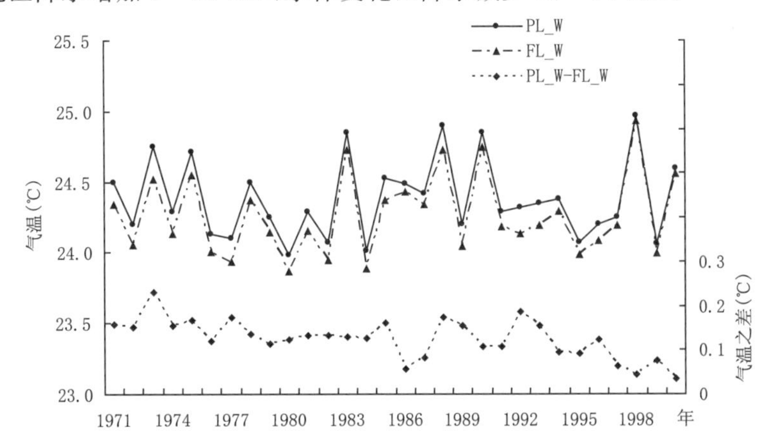

图 4.24 PL_W 和 FL_W 试验模拟的水体变化区域 5—9 月地面平均气温及两者差值的变化曲线

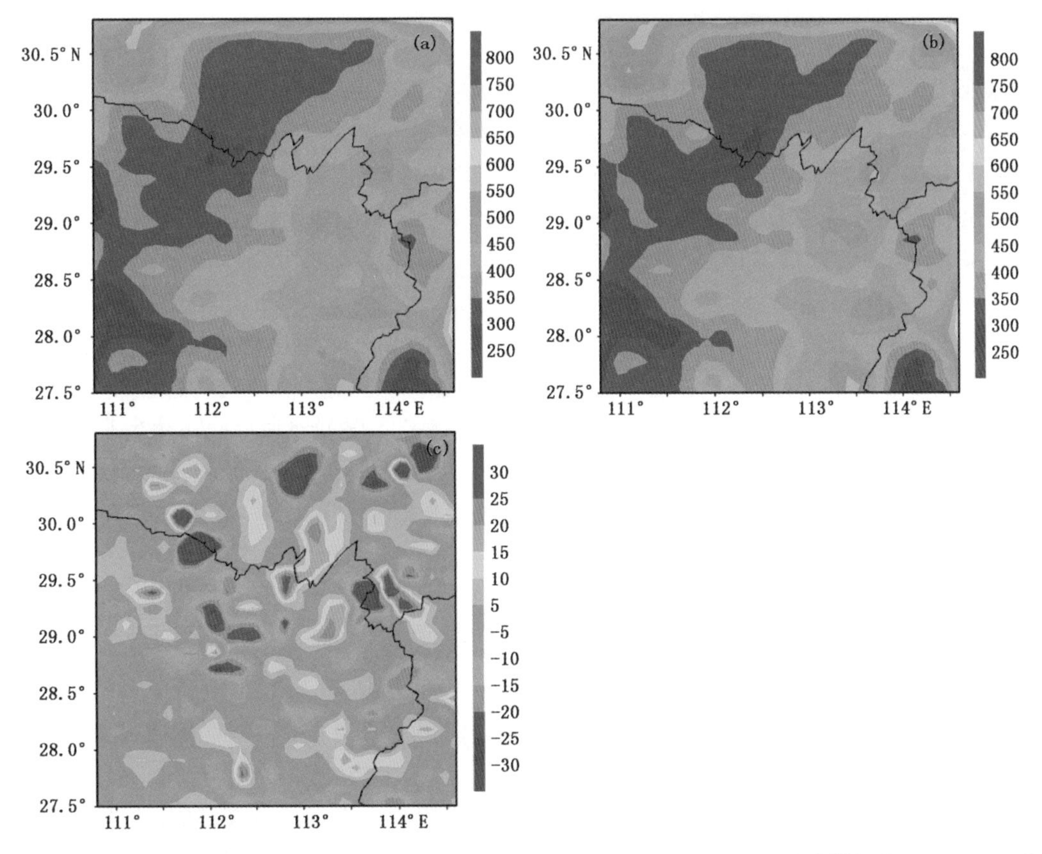

图 4.25 (a)PL_W 试验模拟的 1971—2000 年 5—9 月降水量分布；(b)FL_W 试验模拟的 1971—2005 年 5—9 月降水量分布；(c)PL_W 试验和 FL_W 试验的降水量之差的分布(单位：mm)

5 气候变化的影响

5.1 对农业的影响

5.1.1 农业生产潜力及布局发生变化

农业气候资源发生变化。热量资源增加：1961—2010 年环洞庭湖区≥0℃、5℃、10℃、15℃、20℃活动积温呈极显著增加趋势，增加速率分别为 77.5℃·d/10a、83.6℃·d/10a、82.7℃·d/10a、90.1℃·d/10a、87.2℃·d/10a，见图 5.1；气温日较差减小：1961—2010 年年平均气温日较差呈显著减小趋势，减小速率为 0.08℃·d/10a(图 5.2)：水资源年际、年代际变化特征显著，非均匀性增加；光资源呈极显著减小趋势，以夏季减少幅度最大，冬季减少幅度次之。

农业气候资源的变化引起农作物种植适宜区的变化：如油菜最适宜种植区显著扩大，基本成为油菜最适宜种植区；棉花最适宜种植面积显著减少，向适宜种植区及次适宜种植区转变，温州蜜橘适宜区大量向最适宜区转变，最适宜种植面积得以显著增加等。作物生长潜力也在发生变化：如油菜种植区，由于生育期内越冬期推迟，冬前生长期延长，积温增多，低温冻害也明显减少，有利于油菜冬前生长和安全越冬，对油菜生长明显有利。

5.1.2 农业自然灾害影响加重

农业气象灾害发生频次增多，直接影响到粮食产量。近 10 年(2001—2010 年)，环洞庭湖区(湖南境内)因洪涝灾害年均农作物受灾面积较前 10 年增加 2.2 万 hm^2；因干旱年均农作物受灾面积较前 10 年增加 17.1 万 hm^2，成灾面积增加 9.9 万 hm^2，粮食减产量增加 1.55 亿 kg(湖南农业统计年鉴，1991—2010)。

病虫害增加，作物受害程度加重，农业生产成本增加。由于气温升高，病虫害发育的起点时间提前，一年中害虫繁殖代数增加，造成农田多次受害的几率增高。作物受害程度加重，农药使用量增加，农业生产成本随之也增加。

阴雨寡照影响加重。环洞庭湖区阴雨日增多、阴雨持续时间延长，对水稻、棉花、油菜、蔬菜生长极其不利。

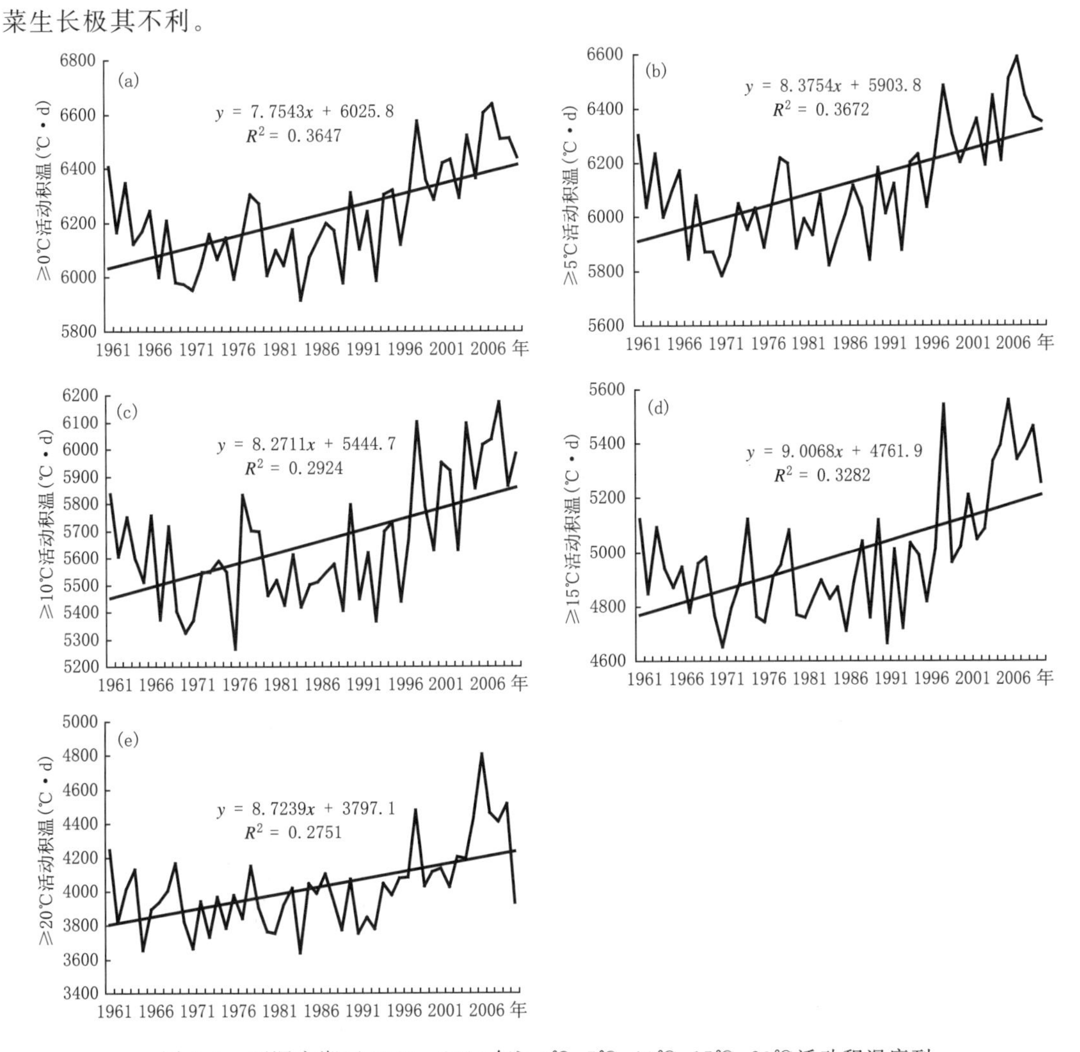

图 5.1 环洞庭湖区 1961—2010 年≥0℃、5℃、10℃、15℃、20℃活动积温序列

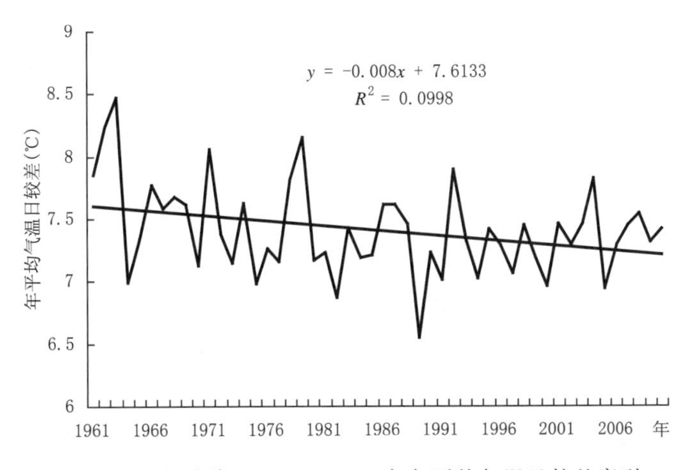

图 5.2 环洞庭湖区 1961—2010 年年平均气温日较差序列

5.2 对湿地生态系统的影响

5.2.1 湖泊面积减小

表5.1给出了洞庭湖1825年以来湖泊面积的变化情况，可以看出湖泊面积是迅速减小的。

表5.1 洞庭湖面积变化表

年份	1825	1896	1949	1954	1958	1971	1977	1983	1996	1998	2003
面积(km^2)	6000	5400	4350	3915	3141	2820	2740	2691	2635	2625	3968

导致湖泊面积减小的主要原因是人类活动的影响。强烈的人类活动，如明、清时期江水逐渐南侵，泥沙淤积渐盛，在明代的276年间共修筑堤防33处，建堤垸134座；清代筑堤建垸更是恶性膨胀，建垸总数达1006座，其中同治以前456座，同治以后550座；新中国建立以来，对洞庭湖的开发力度是任何历史时期所无可比拟的，仅以围湖垦殖而言，在短短的几十年间，就导致洞庭湖面积损失1659 km^2、容积119亿 m^3。因此，闸坝和堤防建设、围湖垦殖、水系改造和清淤疏浚等，导致洞庭湖湖泊面积急剧萎缩。

气候变化对湖泊面积减小起着加剧作用。湖泊水面作为湖泊水量的一种重要表现形式，其变化是所在补给流域水量平衡的结果。从气候的角度来看，影响湖泊水面面积变化的主要气候要素是降水：20世纪50—70年代，长江中游旱重于涝，洞庭湖水域面积减少最为显著；80—90年代，洞庭湖水域面积减少速度放缓，则是由于长江中游涝重于旱造成的；2003年之后洞庭湖流域年降水量总体上表现为偏少的状态，进而导致流域内的湘、资、沅、澧四水、区间(入湖中小河流)年径流量也随之呈现出一定量的下降，从而导致洞庭湖水域面积减小。另外，山地灾害波动周期缩短及强降水事件增多导致水土流失不断加重，造成洞庭湖泥沙淤积、湖床抬高、洲滩地面积增加，同样也会对洞庭湖水域面积减小起加剧作用。

5.2.2 鱼类资源减少

1949年洞庭湖渔业捕捞总产量年产3万t，现已下降到1.1万t左右；鱼汛期原有270 d，现缩短为只有180 d左右。20世纪70年代之前洞庭湖天然捕捞产量中，“四大家鱼”青、草、鲢、鳙占捕捞产量的32%，到1990—2001年“四大家鱼”在渔获物中所占比例不足10%。原在湖中生栖的白鲟、中华鲟、胭脂鱼、鲥鱼以及水生哺乳动物白暨豚等国家保护的珍稀种类已经基本绝迹，江豚由1993年的2700头减至不足110头，汉寿县银鱼近年濒临灭绝，近年来很少甚至没有发现的鱼类有33种之多。

鱼类资源迅速减少，人类活动是重要的影响因素之一。如水工建筑影响鱼类洄游通道的畅通、环境污染影响到鱼类的生存环境、非法捕鱼影响到鱼类的繁殖等。

气候变化也起到了加剧作用。洞庭湖流域近年来降水偏少，一是造成湖泊水位偏低，湖盆面积萎缩，鱼类生长空间缩小，导致资源衰减；二是冬春干旱造成内、外湖泊低水位，沟渠和塘堰长时间干旱，水源异常紧张，许多地方水产养殖无水可调，池塘没水或者蓄水严重不足，导致不能及时投放鱼种，错过最佳放养季节，同时也缩短了养殖周期；三是少水缺水困扰鱼类苗种生产。春季是鱼苗繁殖的季节，由于早春缺水，亲鱼培育过程中水质条件较差，亲鱼未经过流水刺激，导致亲鱼性腺成熟差，怀卵质量下降，繁殖中产卵率、受精率、孵化率都有下降，有的苗种场因缺水处于半生产或无生产状态；四是缺水影响成鱼养殖，由于水位低，水质环境恶化，造成养殖品种受旱泛塘、病害频发以及鸟类为害，使鱼种死亡较大；五是缺水迫使商品鱼集中上市，因而鱼规格偏小，品质差，鱼价低廉，导致渔民的收入降低，降低渔民的生产积极性；六是在干旱的影响下，鱼池水质差，鱼类生长缓慢，病害加剧，养殖周期被缩短，鱼塘投料量少，导致单产降低，同时苗种投入减少甚至会影响来年的成鱼养殖；七是对后期影响大，洞庭湖水位低，使原来许多定居性鱼类的产卵场未能形成，无法产卵，以及鱼类索饵场消失，影响今后一段时期洞庭湖天然渔业资源。

5.2.3 候鸟栖息环境恶化

(1)降水异常导致候鸟觅食困难

2008 年 11 月上旬，长江上游出现较强降水，长江以南大部包括环洞庭湖区降水明显偏多，阴雨日数达 5～8 d，部分地区出现渍害。洞庭湖水位也迅速上涨，其中，10 月 31 日至 11 月 12 日，城陵矶水位从 22.70 m 迅速上涨至 29.75 m，截至 11 月 19 日，洞庭湖水位仍接近 28 m，28 m 以上的水位持续了 11d，27 m 以上的水位持续了 17 d，大大高于适宜鸟类栖息的 24～25 m。洞庭湖冬季水位过高，淹没了草滩、低洼湿地等候鸟觅食地和栖息地，导致鸟类栖息和觅食的湿地滩涂缩小，许多候鸟被迫在湖区附近的农田和内湖栖息。保护区调查结果显示，除罗纹鸭喜居在洞庭湖自然水域外，95%的雁类、鹤类、天鹅和几乎所有的涉禽都迁移到了附近的农田及内湖边上，给候鸟保护和农民生产生活带来一定影响。同时，11 月中上旬正是近十万只冬候鸟经过长途迁徙后抵达的时间，急需补充能量，不料却遇到食物匮乏，顿失觅食和栖息之地，给洞庭湖越冬候鸟造成了比较严重的影响。在考察过程中，保护区工作人员还在稻田里发现了 9 只死亡的候鸟，包括 1 只白额雁、6 只小白额雁和 2 只赤麻鸭，均因饥饿和剧毒农药而死亡，原定于 12 月举行的洞庭湖观鸟节活动被取消。

2003 年 8—10 月，环洞庭湖区降水量较历年同期偏少 5 成以上，受其影响，珍稀候鸟只能在 22 m 高程左右的地域觅食；长时间干旱导致洞庭湖水位偏低，鸟类赖以生存的植被和滩涂发生变化，一些鸟类因缺乏食物而不得不飞走，每年 10 月如约而来的白琵鹭，2003 年因干旱等原因飞走了 2/3。2009 年秋季，洞庭湖出现近几十年来的历史同期低水位，至 12 月中旬水位仍然偏低，在东洞庭湖鸟类资源最为集中的大、小西湖，也因持续低水位时间过长，大部分泥滩裸露、干涸，给在此生存的鱼类、鸟类带来了极大的威胁，为了保证候鸟的食物，使 2009 年中国洞庭湖国际观鸟节正常举行，东洞庭湖自然保护区管理局采取生态引水的方法，迅速恢复封闭管理区内大、小西湖及壕沟的生态水位。

(2)低温冰雪天气直接影响到候鸟的生境

岳阳市 2008 年 1 月 13 日至 2 月 3 日连续 22 d 出现日平均气温低于 0℃的严寒天气，其中 1 月 19—29 日连续 12 d 出现雨凇，期间降雪日 18 d，积雪日 22 d，为 1954 年以来最严重的雨雪冰冻天气过程，且严寒期时间之长，灾情之重为有实测记录以来之最。

大雪和冰冻过程中及冰冻解除后，为了实时地了解湖区鸟类分布、生存及受损情况，东洞庭湖国家级自然保护区管理局组织大量人力物力，分别于 1 月 20—24 日、2 月 5—6 日、2 月 12—17 日，进行了三次系统的监测与巡护。其中 1 月 20 日、2 月 5 日两次监测，洞庭湖除航道以外，已全部冰封；2月12—17日的全湖候鸟同步监测期间，洞庭湖已解除冰冻。前两次监测面积达150 hm^2，徒步行程100 km，后一次同步监测面积近800 km^2，行程近1500 km，共记录到候鸟49种约11万羽，因此，候鸟在洞庭湖越冬依存度高。前两次监测中，仅记录到鸟类不足2000只，发现死亡环颈鸻、珠颈斑鸠4只；第三次监测到死亡鸟类有灰鹤、白琵鹭、小白额雁、绿翅鸭等，数量虽然不多，但具有代表性。

(3)气温异常导致迁徙南来的冬候鸟大大减少

2006年10月中旬、10月下旬、11月上旬岳阳市平均气温较历史同期分别偏高4.4℃、2.4℃和5.2℃，尤其11月上旬的气温比历年10月上旬还高。因而第一批候鸟抵达东洞庭湖的时间(10月上旬)比往年足足晚半个月。至11月中旬，在东洞庭湖保护区的核心区域的大、小西湖记录到的鸟类不到4万只，而历史同期所记录到的最多候鸟数有7万只，候鸟数量减少近一半；记录到的候鸟种类包括野鸭类、雁类、鸥类、鹤类、天鹅等，也比往年减少了近三分之一；监测的大雁只有5种，大大少于往年。另外持续干旱，洞庭湖水位大大下降，导致以湿地苔草为主要食物的候鸟和对生态环境敏感高的候鸟不愿栖息此地。也是迁徙南来的冬候鸟大大减少的重要原因。

5.2.4 鼠害影响加重

环洞庭湖区湖滩的苔草沼泽和芦苇及荻沼泽为东方田鼠的最适栖息地，且该处啮齿动物几乎只有东方田鼠一种。

东方田鼠发生量与12月1日至3月31日降水量呈正相关，当降水量在200 mm以上时，有利于东方田鼠的生长繁殖，如1985年、1993年、1995年、1998年和2005年为东方田鼠特大发生年；当降水量在150 mm以下时，不利于东方田鼠的生长繁殖，为轻度发生年，如1984年、1986年、1987年、1988年、1992年、1994年、1996年和1999年。近50年环洞庭湖区冬季降水量呈显著上升趋势，极其有利于东方田鼠的生长繁殖。

东方田鼠发生量与上年洞庭湖汛期水位呈负相关。上年汛期水位高，对东方田鼠的生存带来极大威胁，特别是高水位维持时间长，大大降低了东方田鼠的基数，则次年东方田鼠发生量小；上年汛期水位低，高位洲滩没有被洪水淹没，给东方田鼠留下生长繁殖的场所，则次年发生量大(如1985年、1993年、1995年、1998年和2005年)。

秋汛可造成东方田鼠种群减少。2008年秋长江中下游地区出现大面积干旱，为缓解旱情，三峡水库在10月下旬加大下泄量；11月上旬长江上游出现较强降水，长江以南大部包括环洞庭湖区降水明显偏多，洞庭湖水位迅速上涨，11月洞庭湖城陵矶水文站月平均水位27.09 m，比历年同期平均水位偏高3.10 m，27 m以上的水位持续了17d 、28 m以上的水位持续11 d。从表5.2可以看出，继2007年东方田鼠种群数量暴发后，2008年种群数量仍维持在高位，两个监测点4月的捕获率分别为31.6%和16.6%。但到2009年1月，春风监测点已无东方田鼠的踪迹，捕获率为0.0%，随后几年种群数量皆维持在较低水平，说明2008年的秋汛是春风点种群数量进入低谷年份的重要影响因素；大通湖区北洲子监测点捕获率只有0.7%，低于上年刚迁入湖滩时的密度，由于北洲子湖滩监测点高程比春风点高，受2008年秋汛的影响相对较小，2009年和2010年春、夏种群数量仍维持在较高水平，但到2010年10月亦步入低谷。

表 5.2　2008—2011 年洞庭湖湖滩监测点东方田鼠捕获率

年份	月份	春风捕获率(%)	北洲子捕获率(%)
2008 年	1	1.4	0.7
	4	31.6	16.6
	7	9.5(农田)	39.4(6 月)
	10	2.9	1.9
2009 年	1	0.0	0.7
	4	0.9	21.9
	7	0(农田)	5.8(6 月)
	10	0	2.6
2010 年	1	0	5.5
	4	0	36.5
	7	0(农田)	2.5
	10	0	0.0
2011 年	1	0	0.4
	4	0	1.5
	6	0.8(农田)	0.4

东方田鼠的转移数量受上年洲滩裸露时间影响较大。上年 10 月至当年 5 月为东方田鼠的繁殖盛期,如果湖区洲滩冬春季连续出露天数增加,则延长了东方田鼠的繁殖期,造成当年越冬基数大、春繁数量多。1984 年洞庭湖枯水期(指上个汛期退水后至下个汛期涨水前的时间段)为 249 d,洲滩裸露时间相对较短,5 月 20 日在湖洲调查得出的鼠洞密度为 0.2 个/m^2,当年发生量较小,转移数量少;1985 年枯水期为 349 d,洲滩裸露时间相对较长,有利于东方田鼠的生长繁殖,5 月 22 日调查得出鼠洞密度为 3.25 个/m^2,当年出现大量东方田鼠迁入垸内的现象。2003 年以来,环洞庭湖区进入降水偏少期,造成洞庭湖汛期水位连年偏低,枯水期时间长,对东方田鼠的生长繁殖极为有利。

综上所述,气候环境的变化更加有利于东方田鼠的繁殖和转移,鼠害影响呈加重之势。据资料记载,自 1975 年以后每年均有大批的东方田鼠季节性的越过大堤为害农作物,损失率在 7.2%~11.72%。如 1975 年大通湖农场四分场四队因鼠害造成 4.8 hm^2 兰花草失收、51.2 hm^2 晚稻减产 7.5 万 kg、19.3 hm^2 甘蔗减产 49 万 kg;2005 年环洞庭湖区发生鼠害面积达 13000 hm^2,其中 5 月底至 6 月上旬正处孕穗期的早稻遭东方田鼠咬断稻茎,吞食稻穗,造成大量枯心、死穗,一般被害蔸率为 20%~30%,严重的超过 50%;2007 年 6 月洞庭湖沿岸的岳阳、益阳两市又遭遇 20 多年来规模最大的鼠灾,东洞庭湖国家级自然保护区也未能幸免。

5.3　对水资源的影响

环洞庭湖区水资源安全问题正在成为该区域的突出问题。一是受三峡蓄水影响,长江来水减少(据不完全统计,2003—2007 年太平口、松滋口、调弦口“三口”流量仅相当于 20 世纪五六十年代的 37%),三峡水库蓄水运行后与蓄水运行前比较,洞庭湖汛期多年平均径流减少

392 亿 m^3，约占多年平均径流减少量的 77.0%。其中，“三口”汛期减少 107.1 亿 m^3，约占全湖汛期径流总减少量的 27.3%，导致洞庭湖区自然给水量下降，低水位危机影响增大，如 2009 年 10 月 17 日洞庭湖城陵矶水位跌至 21.72 m，造成渔民歇业、航运受阻、水体富营养化加重等系列连锁反应。二是受洞庭湖流域枯水期降水减少影响（入湖水量的构成中，湘、资、沅、澧四水及区间水量占到了整个入湖水量的 80%左右），导致环洞庭湖区自然给水量下降，自 2003 年以来，洞庭湖持续 9 年出现枯水期提前、延长，水位较常年同期大幅降低现象，水位持续偏低，导致洞庭湖自净能力下降，加剧了水质污染和水环境恶化，取水用水困难，严重影响环湖地区农作物灌溉和生活用水的安全。三是气温升高加剧区域干旱的发生，农业灌溉用水增加（研究表明，气温每上升 1℃，农业灌溉用水将增加 6%～10%），水资源进一步紧张。四是气温升高有利于河流中细菌繁殖，水质下降，面临湖区复合型水污染威胁加重的问题，进而影响到饮水安全和系列生态安全。五是山地灾害及强降水事件增多导致水土流失不断加重，蓄水功能下降，枯水季节可利用水资源量减少。

洞庭湖洪水调蓄功能大幅衰退。由于长江上游、湖南境内“四水”上游来的泥沙淤积和围湖造田影响，洞庭湖面积不到全盛期的一半，调蓄滞洪功能相应降低。目前，调蓄能力仅相当于 20 世纪 50 年代的 50%左右，洪灾风险增大。

5.4 对人体健康的影响

5.4.1 血吸虫病防治难度增大

血吸虫病是一种人畜共患的地方性寄生虫病，钉螺是血吸虫病传播过程中的中间宿主，钉螺喜潮湿、荫蔽、水陆交替的湿地环境，我国钉螺分布面积的 94.4%集中在湖南、湖北、安徽、江西、江苏 5 省的湖区，而湖南省约占全国的 45.9%，其中绝大部分均集中于环洞庭湖区。

(1)气候变暖有利于钉螺的生长、发育与繁殖

温度是钉螺地域性的主要限制性因素，对环洞庭湖区洲滩环境、人畜活动等钉螺主要孳生地带进行监测，结合气象、水文资料开展研究，结果表明：环洞庭湖区钉螺适宜生长、发育与繁殖的温度为 13～25℃，钉螺发育的起点温度为 5.9℃，37℃以上不适宜钉螺的生长，11℃以下钉螺开始出现冬眠现象。在干燥环境中，钉螺半数致死低温（LT50）为－2.2～－2.5℃；在潮湿环境中，钉螺半数致死低温（LT50）为－2.5～－2.9℃。在干燥环境中，钉螺半数致死高温（LT50）为 39.8～40.3℃；在潮湿环境中，钉螺半数致死高温（LT50）为 41.6～42.7℃。活螺平均密度与季节性气温明显相关（$r=0.778$，$P<0.05$）。环洞庭湖区近 50 年低温日数呈极显著减少趋势，高温日数变化趋势不显著，稳定通过 5℃界限温度的时间显著延长，对钉螺生长极其有利。

(2)洪涝灾害利于血吸虫病的传播

洪涝灾害暴发时，经常造成匮垸，钉螺大面积扩散，有利于形成新的螺点。据有关资料统计，1980—1991 年 11 年间，除 1985 年、1987 年、1989 年和 1990 年没有因溃垸而增加钉螺面积外，其他年份都或多或少因溃垸而造成钉螺面积增加，其中 1980 年和 1989 年增加的面积最多，分别为 3100 hm^2 和 2156 hm^2。如七里湖农场六大队原已基本无螺，1980 年溃垸后于 10 月中旬查螺，在主沟旁的垦基上查螺 491 框，其中 291 框有螺，获活螺 1232 只，平均每框 2.5

只。1990年以来，长江干流及洞庭湖流域洪水比较频繁，导致环洞庭湖区垸外洲滩钉螺随洪水在湖区内扩散严重(图5.3)，钉螺面积呈极显著增大趋势，增加速率为0.31亿m^2/10a；在1991年、1996年及1998年等大洪水年，环洞庭湖区钉螺分布面积较洪水前分别增加了902 hm^2、4335 hm^2、2722 hm^2(马巍等，2009a)。从环洞庭湖区钉螺分布面积与城陵矶站汛期平均水位变化关系(图5.4)也可看出，高水位导致钉螺分布面积增加，低水位(即枯水年)钉螺分布面积变化不明显。

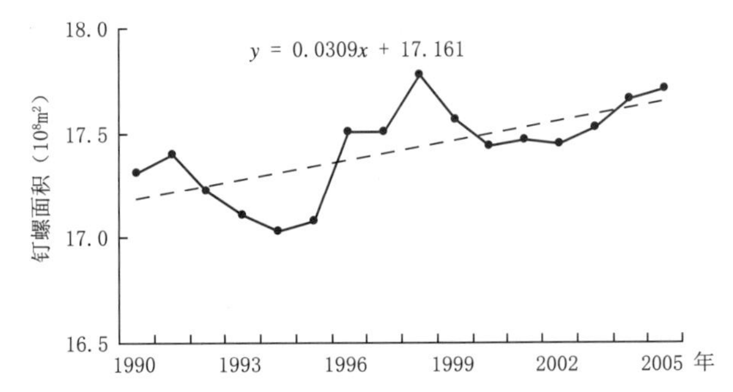

图5.3 1990—2005年环洞庭湖区钉螺分布面积变化(马巍等，2009a)

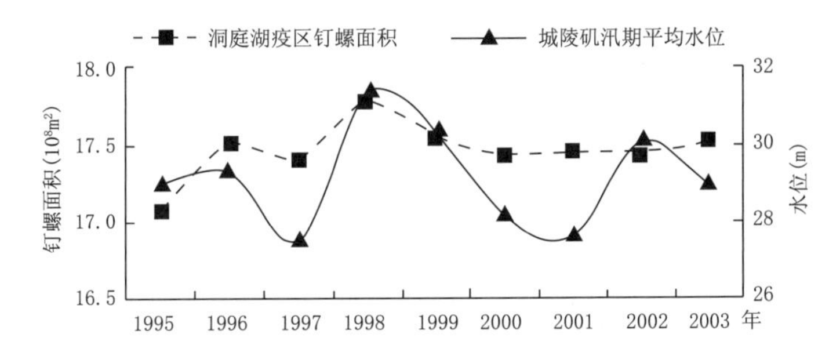

图5.4 环洞庭湖区钉螺分布面积与汛期平均水位关系(马巍等，2009b)

另外，洪涝灾害暴发，造成群众和参与抗洪抢险的人员接触疫水成批感染血吸虫病，特别是急性血吸虫病。1979年，湘阴县横岭湖围垦灭螺徐洪区汛期溃垸漫水，在该垦区从事生产的金龙公社联新大队(原属非疫区)9人下水拆棚，全部感染血吸虫病；1980年澧县因洪水造成溃垸26处，水灾期间发病82人，相当于全县1979年1—10月急性病人的16倍。

5.4.2 传染病流行风险增大

气候环境的变化更加有利于东方田鼠的繁殖和转移，而东方田鼠又是钩端螺旋体、出血热等多种疾病的传播者，据1975年益阳地区防疫部门对大通湖区北洲子农场调查，田鼠对钩端螺旋体病的带菌率为59%，所带菌群中，"波摩那群"占32.7%、"澳洲群"占27%，因而对人体健康构成极大威胁，如1979年北洲子农场诊断为钩端螺旋体病患者有524人；1993年7月东方田鼠大发生，再次引起钩端螺旋体病流行，仅北洲子农场感染住院治疗人数达16人，其中死亡1人。

5.5 对洞庭湖旱涝强度的影响

5.5.1 旱涝等级与城陵矶年最高水位

(1)资料

降水资料:环洞庭湖区、湘江流域、资江流域、沅水流域、澧水流域及长江中游重庆段1961—2008年历年日降水资料及月降水资料,参与分析的各流域气象代表站站名见表5.3。

表5.3 各流域气象代表站名称

环洞庭湖区	松滋、石首、公安、岳阳、临湘、湘阴、华容、汨罗、常德、汉寿、安乡、澧县、桃源、临澧、赫山区、沅江、南县、桃江、望城坡、马坡岭、宁乡县、湘潭、株洲
湘江流域	涟源、娄底、韶山、湘乡、湘潭、双峰、南岳、衡山、衡东、攸县、株洲、醴陵、冷水滩、永州、东安、祁阳、祁东、衡阳县、衡阳市、常宁、衡南、耒阳、安仁、茶陵、炎陵、永兴、桂东、双牌、道县、宁远、江永、新田、郴州、桂阳、嘉禾、蓝山、资兴、汝城、江华
资江流域	安化、洞口、冷水江、新化、邵阳、隆回、新邵、邵东、新宁、武冈、邵阳县
沅水流域	龙山、花垣、保靖、永顺、古丈、吉首、沅陵、泸溪、辰溪、桃源、常德、凤凰、麻阳、新晃、芷江、怀化、溆浦、洪江、靖州、会同、通道、绥宁、城步
澧水流域	桑植、张家界、石门、慈利、澧县、临澧
长江中游重庆段	巫山、奉节、巫溪、云阳、开县、长寿、涪陵、梁平、万州、忠县、石柱、武隆、彭水、永川、铜梁、合川、江津、荣昌、璧山、綦江、潼南

水位资料:洞庭湖水位代表站城陵矶1952—2008年历年最高水位资料。

(2)方法

① 流域平均降水量计算方法

利用公式(5.1)计算历年5—7月、5—9月各流域平均降水量。

$$R_i = (\sum_{j=1}^{m}\sum_{k=1}^{n} r_{k,j})/m \tag{5.1}$$

式中,R表示流域平均降水量,r为台站月降水量,i代表年序,j代表站序,k代表月序,r代表台站月降水量。

② Z指数计算方法

Z指数的优点在于它适合于任意时间段,有利于用来确定一个未知天数的一段持续性旱或涝过程,其公式如下:

$$Z_i = \frac{6}{c_s}(\frac{c_s}{2}\varphi_i + 1)^{\frac{1}{3}} - \frac{6}{c_s} + \frac{c_s}{6} \tag{5.2}$$

式中,c_s为偏态系数,$c_s = \sum(x_t - \bar{x})^3/n\sigma^3$;$\sigma$为均方差,$\sigma^2 = \frac{1}{n}\sum(x_i - \bar{x})^2$;$\varphi_i$为标准化变量,$\varphi_i = (x_i - \bar{x})/\sigma$;$\bar{x}$为多年降水平均值,$x_i$为降水序列。

③CI指数计算方法

CI指数是利用近30天(相当月尺度)和近90天(相当季尺度)降水量标准化降水指数,以及近30天相对湿润指数进行综合而得，该指标既反映短时间尺度（月）又反映长时间尺度（季）降水量气候异常情况。

$$CI = aZ_{30} + bZ_{90} + cM_{30} \tag{5.3}$$

式中，Z_{30}、Z_{90} 为分别为近30天和近90天标准化降水指数SPI值；M_{30} 为近30天相对湿润度指数；a 为近30天标准化降水系数，由达轻旱以上级别 Z_{30} 的平均值除以历史出现的最小 Z_{30} 值得到，平均取0.4；b 为近90天标准化降水系数，由达轻旱以上级别 Z_{90} 的平均值除以历史出现最小 Z_{90} 值得到，平均取0.4；c 近30天相对湿润系数，由达轻旱以上级别 M_{30} 的平均值，除以历史出现最小 M_{30} 值得到，平均取0.8。

通过（5.3）式，利用前期平均气温、降水量可以滚动计算出每天 CI 值，进行降水量异常监测。

（3）洞庭湖旱涝等级划分方法

①防汛特征水位

警戒水位是指江河漫滩行洪，堤防可能发生险情，开始需要加强防守的水位。确定的原则：考虑河段普遍漫滩和重要堤段临水并达到一定高度，结合工程现状，堤防工程历史出险情况等因素综合研究确定；对有防洪任务而无堤防的河段，根据河岸险工情况以洪水上滩或需要转移群众、财产时的水位确定。保证水位是指保证堤防及其附属工程安全挡水的上限水位。确定的原则：堤防的高度、宽度、坡度及堤身、堤基质量已达到规划设计标准的河段，其设计洪水位即为保证水位；堤防工程尚未达到规划设计标准的河段，按安全防御相应的洪水位确定，即堤顶高程不足的河段，按现状堤顶高程扣除设计超高值后的水位确定保证水位；若堤宽宽度不足，先确定现状堤身达到设计顶宽处的高程，在此基础上再扣除设计超高值即为保证水位；保证水位拟定兼顾上下游的关系，分河段设置。

城陵矶七里山水位站（下称“城陵矶水位站”）是环洞庭湖区和长江中游的主要控制站，防汛特征水位由湖南省水利厅确定，水利部核批。现确定并核批的警戒水位是32.5m，保证水位是34.55m。

②洞庭湖旱涝等级划分方法

水位高低直接影响到旱、涝灾害程度（灌溉面积及淹没高度），国内外洪水风险预估主要基于洪水水位预报估算洪水可能淹没的高度及面积。因此，本书中的旱涝等级基于水位高度划分。

划分原则：城陵矶防汛特征水位是旱涝等级划分的重要阈值；旱涝等级划分结果接近准正态分布。根据上述原则，确立洞庭湖旱涝等级划分标准为表5.4。旱涝等级结果见图5.5，可以看出，其结果接近准正态分布。

表5.4　洞庭湖旱涝等级划分标准

旱涝等级编码	城陵矶水位（m）	旱涝等级
3	≥34.55	重度洪涝
2	[33.5,34.55)	中度洪涝
1	[32.5,33.5)	轻度洪涝
0	[31.5,32.5)	无涝无旱
−1	[30.5,31.5)	轻度干旱
−2	[29.8,30.5)	中度干旱
−3	<29.8	重度干旱

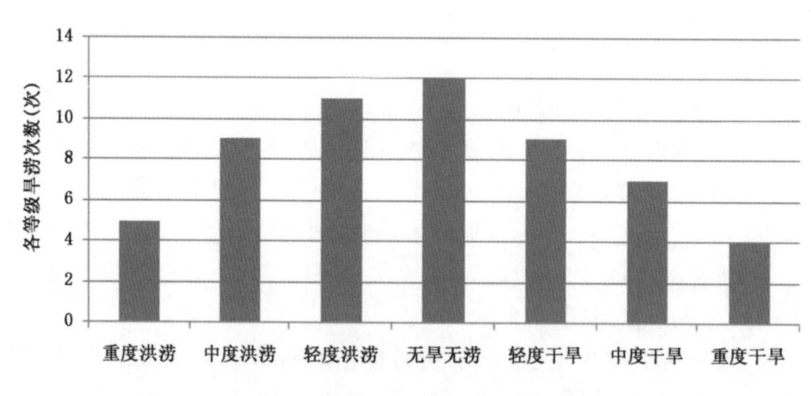

图 5.5 洞庭湖各等级旱涝分布图

5.5.2 城陵矶年最高水位变化特征

(1)趋势变化

分析 1952—2010 年城陵矶年最高水位变化趋势得出,城陵矶年最高水位呈较显著上升趋势,上升速率为 0.24 m/10a(图 5.6)。年最高水位出现时间无明显趋势变化,但分析得出:年最高水位出现在 7 月上半月之前,或 8 月底之后,其水位不会达到或超过保证水位;年最高水位出现在 6 月底之前,其水位一般不会超过警戒水位;超保证水位的年最高水位出现时间主要集中在 7 月下旬到 8 月初的时段内。

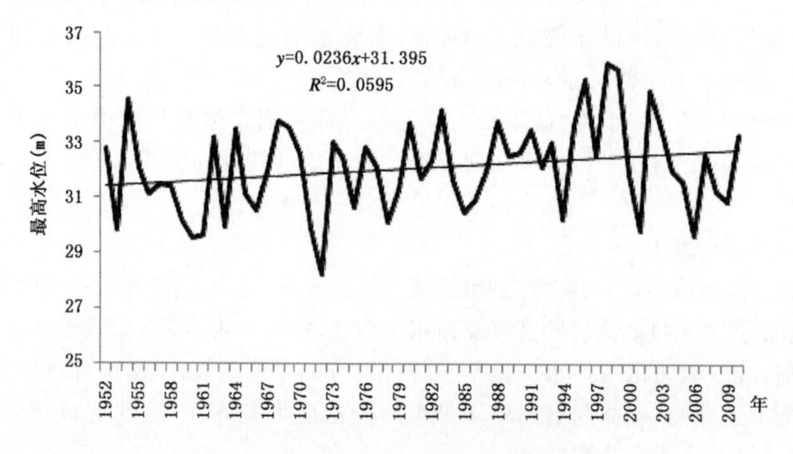

图 5.6 1952—2010 年城陵矶年最高水位

(2)年代际变化

城陵矶年代际平均最高水位以 20 世纪 90 年代最高,80 年代次高;70 年代最低,50 年代次低,见图 5.7。

(3)周期变化

城陵矶年最高水位存在 4 个特征时间尺度,分别是 3 年、5 年、13 年和 21 年左右的准周期(图 5.8)。2 年时间尺度上,在 48 年中始终存在,且周期振荡稳定。5 年时间尺度上,在 48 年中始终存在,且周期振荡稳定。13 年时间尺度上,在 20 世纪 90 年代中期以前比较明显。21 年左右的时间尺度的周期振荡表现稳定,48 年大致经历了 4 次交替,60 年代中期以前为水位

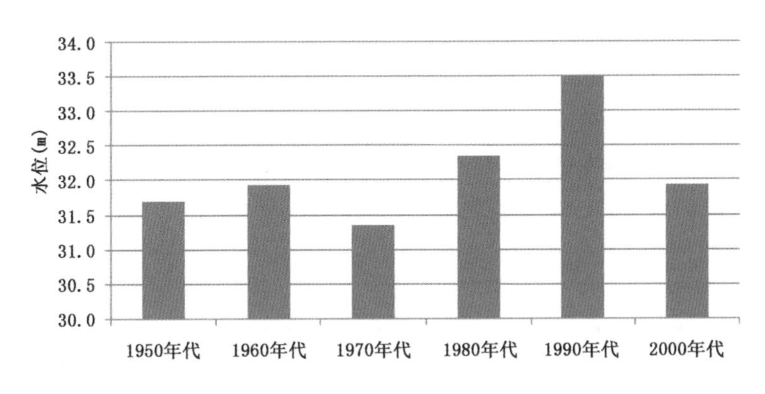

图 5.7 城陵矶年代际平均最高水位

偏低期,60 年代中期到 70 年代中期为水位偏高期,70 年代中期到 80 年代末期为水位偏低期,80 年代末期到 2000 年代初期为水位偏高期,之后为水位偏低期。年最高水位的小波方差存在 3 个明显的峰值,分别对应着 3 年、5 年和 21 年的准周期,其中以 21 年准周期最为突出(图 5.9)。

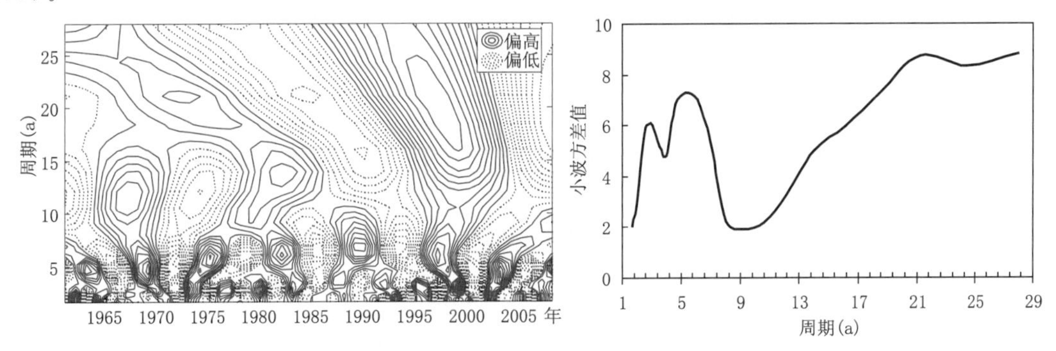

图 5.8 城陵矶年最高水位 Morlet 小波系数实部等值线图及小波方差图

城陵矶年最高水位墨西哥帽小波变换系数存在 3 年、5 年和 21 年周期尺度多和少的转换频繁(图 5.9)。其中 3 年、5 年周期尺度在 48 年内振荡明显;在 21 年准周期尺度上,经历了 20 世纪 60 年代中期、70 年代中期、80 年代末期、2000 年代初期 4 个转折年份。

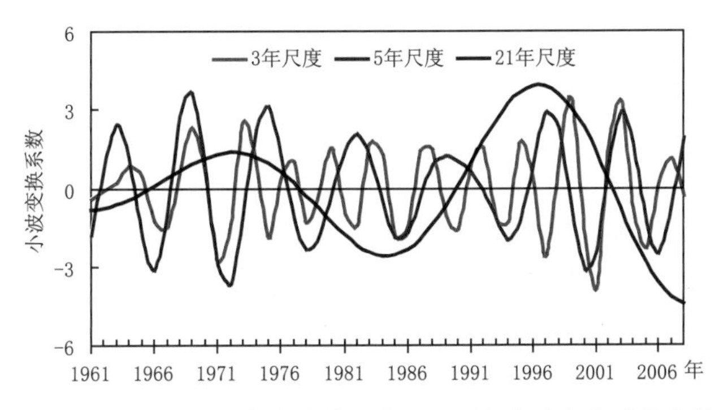

图 5.9 城陵矶年最高水位单尺度墨西哥帽小波变换系数曲线

(4)突变

应用曼—肯德尔(Mann-Kendall)法对城陵矶年最高水位进行突变分析得出,城陵矶年最高水位自20世纪80年代初开始呈上升趋势,90年代后期超过显著性水平0.05临界线,表明城陵矶年最高水位的上升趋势显著。根据 *UF* 和 *UB* 曲线的交点位置(图5.10),确定城陵矶年最高水位80年代的升高是一突变现象,具体从1980年开始。

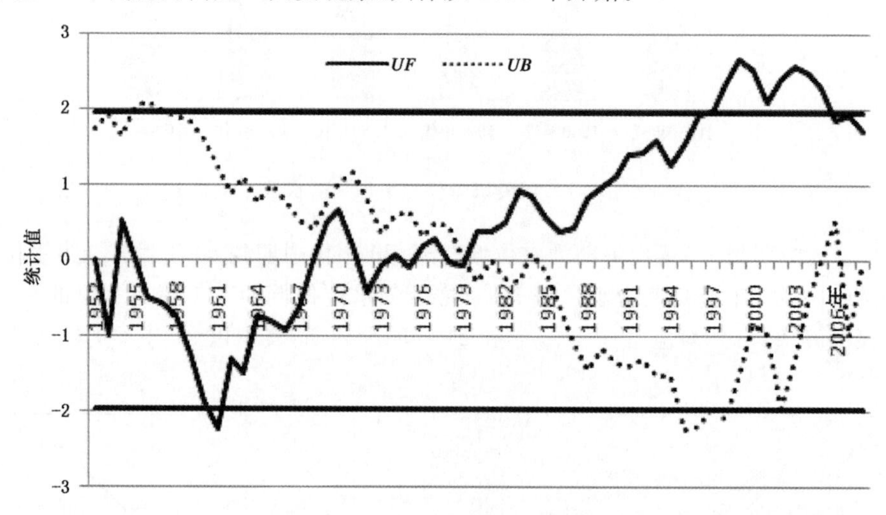

图5.10　城陵矶年最高水位曼—肯德尔统计量曲线(直线为0.05显著性水平临界线)

5.5.3　城陵矶年最高水位对降水异常的响应

(1)*Z* 指数与 *CI* 指数对降水异常的响应

Z 指数、*CI* 指数均能反映降水量气候异常情况,为此,利用 *Z* 指数、*CI* 指数对环洞庭湖区降水异常展开对比分析,以选取合适的分析方法。

对环洞庭湖区有完整地面气象观测记录的21个代表站(含湖北省境内的3个地面气象观测站),计算1958—2008年5—7月旱涝 *Z* 指数,其分布见图5.11,横坐标表示时间(1958—2008年),纵坐标表示选的21个代表站,第1站为岳阳站,从第2个到第21个代表站按照降水与岳阳站相关关系从大到小排列。从图中可以看出环洞庭湖区年度旱涝具有明显的年际变化特征,涝年主要发生在20世纪60年代中后期,70年代后期至80年初,90年代与21世纪初期,其中90年代至21世纪前期的涝期十分明显,环洞庭湖区整体表现为涝,范围广,维持时间长,是环洞庭湖区一段雨水明显增多的时段。旱期主要出现在20世纪60年代前期,70年代前期、80年代和近几年,总体而言,环洞庭湖区干旱不像洪涝范围广,但强度也强。

对环洞庭湖区有完整地面气象观测日记录的20个代表站(湖南境内的地面气象观测站),计算1958—2008年5—7月逐日 *CI* 指数,其分布见图5.12,横坐标表示时间(1958年至2008年),纵坐标表示选的20个代表站,第1站为岳阳站,从第2个到第20个代表站按照降水与岳阳站相关关系从大到小排列。从图中可以看出环洞庭湖区 *CI* 指数的年际变化特征及区域分布特征与 *Z* 指数相一致。

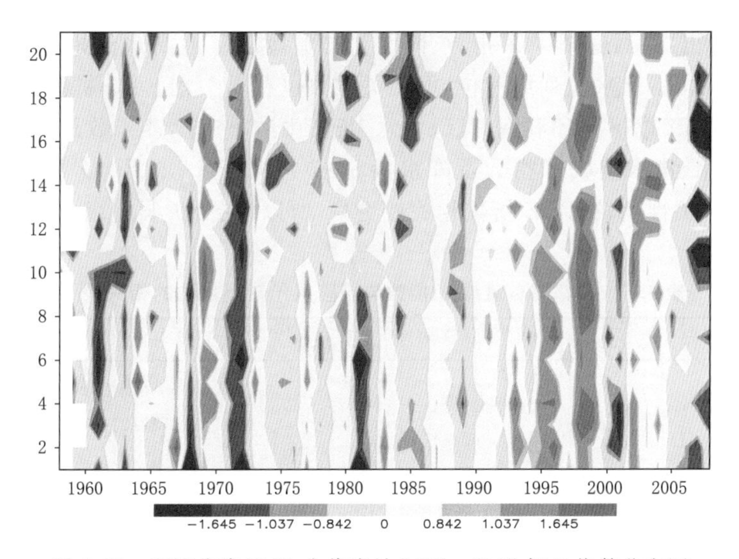

图 5.11 环洞庭湖区 21 个代表站 1958—2008 年 Z 指数分布图

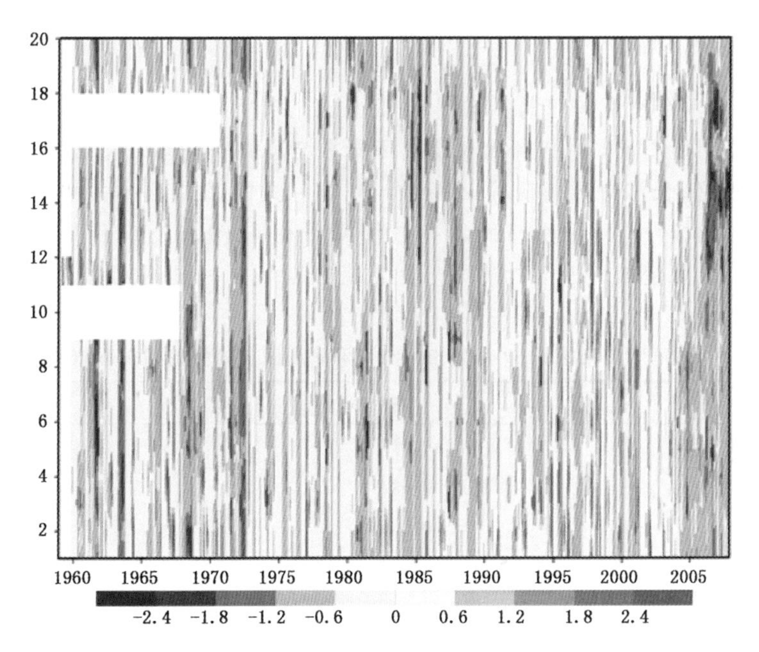

图 5.12 环洞庭湖区 20 个代表站 1958—2008 年逐日 CI 指数分布图

鉴于 Z 指数计算的原始资料较 CI 更宜实时获取，因此，选择 Z 指数进行环洞庭湖区水位关联分析

(2) 城陵矶年最高水位对降水量、Z 指数的响应

城陵矶年最高水位一般出现在汛期 5—9 月，但出现的时间早晚差异较大。当汛前期(5—7 月)降水异常偏多时，则最高水位出现在汛期前期；如果汛后期(8—9 月)涝特征明显，则最高水位出现在后期；只有 5—9 月降水整体异常偏少时，城陵矶最高水位才表现为低水位状态。因此，选择洞庭湖各流域 5—7 月、5—9 月降水量、Z 指数进行洞庭湖水位的关联性分析。

分别计算各流域 1961—2008 年 5—7 月、5—9 月降水量、Z 指数与城陵矶年最高水位相关系数(表 5.5)得出:环洞庭湖区 Z 指数、降水量与城陵矶年最高水位相关最密切,相关系数在 0.7 以上;澧水次之,沅水位列第三位,但相关系数也在 0.6 之上;与湘水流域 Z 指数相关性最弱,相关系数在 0.2 以下。环洞庭湖区、资水、长江中游重庆段 Z 指数及降水量 5—7 月高于 5—9 月,湘水、沅水、澧水流域 Z 指数及降水量 5—7 月低于 5—9 月。Z 指数、降水量与城陵矶年最高水位的相关性比较,以 Z 指数相关性更高,所以,在分析洞庭湖水位时将基于 Z 指数开展。

表 5.5 洞庭湖各流域 Z 指数与城陵矶年最高水位的相关关系

	5—7 月 Z 指数	5—9 月 Z 指数	5—7 月降水量	5—9 月降水量
湘水	0.1643	0.1884	0.1621	0.1811
资水	0.3137*	0.2849*	0.3112*	0.2632
沅水	0.6398***	0.6768***	0.6469***	0.6763***
澧水	0.6526***	0.6885***	0.6442***	0.6647***
环洞庭湖区	0.7400***	0.7233***	0.7440***	0.7118***
长江中游重庆段	0.4672***	0.4088**	0.4619***	0.4154**

* 表示通过 0.05 显著性检验,** 表示通过 0.01 显著性检验,*** 表示通过 0.001 显著性检验,下同

表 5.6 和表 5.7 给出了洞庭湖各流域 5—9 月、5—7 月 Z 指数与环洞庭湖区 Z 指数的相关系数及同号率,可以看出,5—9 月沅水流域 Z 指数与环洞庭湖区 Z 指数相关系最好,同号率最高,澧水流域次之;长江中游重庆段 Z 指数与环洞庭湖区 Z 指数相关性最弱,同号率最低。5—7 月沅水流域 Z 指数与环洞庭湖区 Z 指数相关系最好,澧水流域 Z 指数与环洞庭湖区 Z 指数同号率最高;湘水流域、长江中游重庆段 Z 指数与环洞庭湖区 Z 指数相关性较弱,同号率低。

表 5.6 洞庭湖各流域 5—9 月 Z 指数与环洞庭湖区 Z 指数的相关系数及同号率

	相关系数	同号率(%)
湘水	0.4127**	68.8
资水	0.6373***	77.1
沅水	0.8591***	87.5
澧水	0.7732***	77.1
长江中游重庆段	0.3103*	64.6

表 5.7 洞庭湖各流域 5—7 月 Z 指数与环洞庭湖区 Z 指数的相关系数及同号率

	相关系数	同号率(%)
湘水	0.2811*	56.3
资水	0.5212***	64.6
沅水	0.8339***	81.3
澧水	0.7909***	85.4
长江中游重庆段	0.2552	62.5

由此得出，城陵矶年最高水位变化的主导因子是本地降水，其次是沅澧水流域的降水和长江中游重庆段的降水；湘江流域的降水对城陵矶年最高水位的影响程度最弱，如湘江流域1994年、1961年和2006年5—9月 Z 指数分别位列1961—2008年的第2、第4、第6高位，城陵矶年最高水位较警戒水位偏低2.26 m、2.8 m和2.7 m；1991年5—9月 Z 指数为－1.5416，但城陵矶年最高水位较警戒水位偏高1.02 m。客水（除环洞庭湖区本地外的其他流域来水）对城陵矶年最高水位影响最显著的年份是1968年，5—7月、5—9月环洞庭湖区 Z 指数分别为－1.294、－1.0659，而城陵矶水位超警戒水位1.29 m，主要影响流域有湘水、资水、澧水及长江中游重庆段，5—9月 Z 指数分别为1.0339、0.3243、0.2114、1.1937。5—9月 Z 指数5条以上流域同号年份占统计年份的58.3％，其中各流域全同号的年份占统计年份的33.3％。5—7月 Z 指数5条以上流域同号年份占统计年份的52.1％，其中各流域全同号年份占统计年份的25.0％。超保证水位年均出现在洞庭湖各流域5—7月 Z 指数为正的年份，说明多流域降水偏多是造成洞庭湖高水位的基本条件；低于30.5 m的水位年均出现在4条以上流域5—7月 Z 指数为负值的年份，说明大范围降水偏少是造成洞庭湖低水位的必要条件。

对洞庭湖各流域5—9月 Z 指数开展趋势分析及突变检验分析得出（表5.8）：湘水流域5—9月 Z 指数呈上升趋势，其中20世纪60年代呈下降趋势，70年代呈上升趋势，80年代至90年代初呈下降趋势，90年代中至2008年呈上升趋势；资水流域 Z 指数呈上升趋势，其中60年代中前期呈下降趋势，60年代后期至80年代初呈上升趋势，90年代中期至2008年呈上升趋势；沅水流域 Z 指数呈弱的上升趋势，其中60年代至80年代初呈上升趋势，80年代中期至90年代初期呈下降趋势，90年代中期至2008年呈上升趋势；澧水流域 Z 指数无明显的趋势变化；环洞庭湖区 Z 指数呈上升趋势，其中60年代至70年代初变化趋势不明显，70年代中期至80年代初呈上升趋势，80年代中至90年代初呈下降趋势，90年代中期至2008年呈上升趋势；长江中游重庆段 Z 指数呈弱的下降趋势，其中60年代至70年代中前期呈上升趋势、70年代中期至80年代初呈下降趋势、80年代中期至80年代末期呈上升趋势、90年代初至2008年呈下降趋势。值得说明的是，上述所有趋势变化均未通过统计显著检验。

表5.8　洞庭湖各流域5—9月 Z 指数变化趋势

	线性趋势	相关系数
湘水	0.15	0.2086
资水	0.11	0.1536
沅水	0.08	0.1072
澧水	0.03	0.0346
洞庭湖	0.11	0.1483
长江中游重庆段	−0.09	0.1208

对洞庭湖各流域5—7月 Z 指数开展趋势分析及突变检验分析得出（表5.9）：湘水流域5—9月 Z 指数呈上升趋势，其中20世纪60年代呈下降趋势，70年代至80年代初呈上升趋势，80年代中期至90年代初呈下降趋势，90年代中至2008年呈上升趋势；资水流域 Z 指数呈上升趋势，其中60年代中前期呈下降趋势，60年代后期至80年代初呈上升趋势，80年代中期至90年代初呈下降趋势，90年代中期至2008年呈上升趋势；沅水流域 Z 指数呈弱的上升趋势，其中60年代至80年代中期呈上升趋势（70年代初超过显著性水平0.05临界线），80年代

末期呈下降趋势，90 年代初至 2008 年呈上升趋势；澧水流域 Z 指数呈上升趋势，但不显著；环洞庭湖区 Z 指数呈上升趋势，90 年代末期超过显著性水平 0.05 临界线，说明上升趋势显著；长江中游重庆段 Z 指数呈上升趋势，但上升趋势不显著。

表 5.9 洞庭湖各流域 5—7 月 Z 指数变化趋势

	线性趋势	相关系数
湘水	0.12	0.1761
资水	0.10	0.1382
沅水	0.14	0.2052
澧水	0.10	0.1439
洞庭湖	0.14	0.1960
长江中游重庆段	0.05	0.0648

5.5.4 城陵矶年最高水位模拟

(1) 基于环洞庭湖区 Z 指数的水位模拟

基于环洞庭湖区 1961—2008 年 5—7 月、5—9 月 Z 指数，分别建立与城陵矶年最高水位的一元线性回归模型，复相关系数分别为 0.74、0.7233、平均绝对误差分别为 0.93 m、0.97 m。然后基于两个一元回归模型进行综合，建立环洞庭湖区 Z 指数与城陵矶年最高水位的综合模型 H。

$$H_i = \max(h1_i, h2_i)$$

式中，i 为年序，$h1$ 为 5—7 月回归模型值，$h2$ 为 5—9 月回归模型值。

所建综合模型的相关系数为 0.7516，平均绝对误差 0.93 m，较单模型质量有提高。

图 5.13 给出了城陵矶年最高水位模拟图，从图上可以看出模拟水位值与实际值的变化趋势基本一致，62.5%的年份误差在 1m 以下，其中 31.3%的年份误差在 0.5 m 以下；误差较大的年份有 1968 年、1994 年和 2006 年，误差值在 2 m 以上。

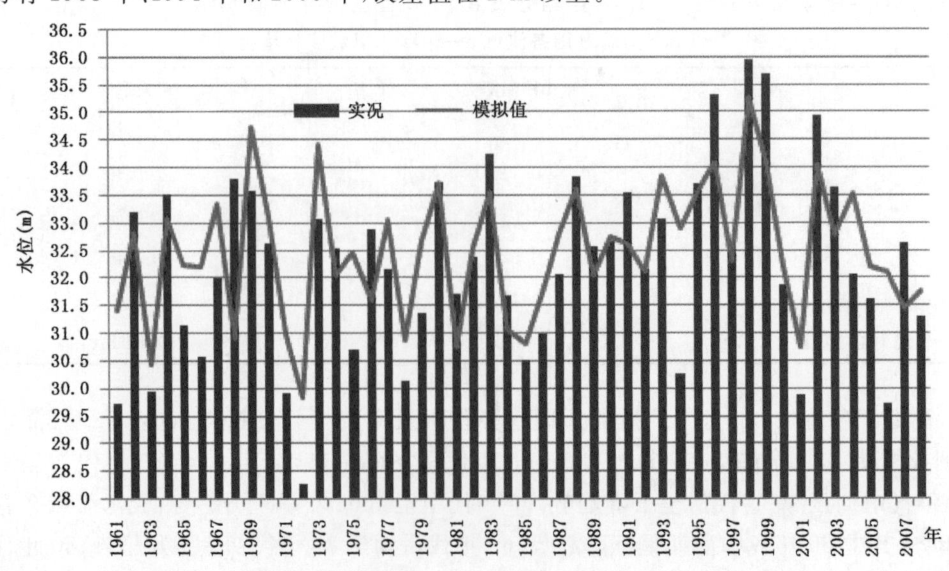

图 5.13 基于环洞庭湖区 Z 指数模拟的城陵矶年最高水位图

图 5.14 给出了基于环洞庭湖区 Z 指数模拟的城陵矶年最高水位水位划分出的旱涝等级图，级差在 1 级或其以下的 41 年，占 85.4%，其中 0 级差 13 年，占 27%；级差 3 级的有 3 年，占 6.2%，分别是 1968 年、1994 年和 2006 年；级差 2 级的 4 年，占 8.3%，分别是 1961 年、1979 年、2004 年和 2007 年。

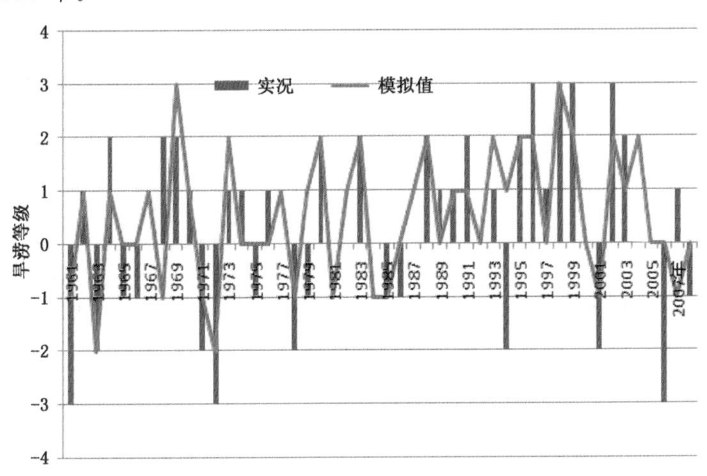

图 5.14 基于环洞庭湖区 Z 指数模拟城陵矶年最高水位得出的洞庭湖旱涝等级图

(2)基于洞庭湖流域 Z 指数的水位模拟

选取湘水流域、资水流域、沅水流域、澧水流域、环洞庭湖区、长江中游重庆段 1951—2008 年 5—7 月、5—9 月的 Z 指数，各流域连续 3 个月最大累积降水开始月份及 5—7 月、5—9 月 Z 指数为正距平的差异(秋汛影响)等 19 个因子，利用逐步回归建立城陵矶年最高水位模型。

$$Y=32.880970+0.795198X_1-1.235360X_2+0.870629X_3+0.728614X_4+0.574097X_5+0.340018X_6-0.536481X_7-0.443245X_8+0.467284X_9$$

式中，X_1、X_2、X_3、X_4、X_5、X_6、X_7、X_8、X_9 分别代表：5—9 月湘水流域、资水流域、环洞庭湖区 Z 指数，5—7 月环洞庭湖区、长江中游重庆段 Z 指数，湘水流域最大降水出现月份、资水流域最大降水出现月份、环洞庭湖区最大降水出现月份、长江中游重庆段最大降水出现月份，max(各流域 5—9 月 Z 指数≥0 的流域数，5—7 月 Z 指数≥0 的流域数)+(各流域 5—9 月 Z 指数≥0 的流域数减去 5—7 月 Z 指数≥0 的流域数大于等于 2)×最大月降水量在 6 月和 7 月的流域数×min(各流域 5—9 月 Z 指数≥0 的流域数，5—7 月 Z 指数≥0 的流域数)。

回归模型的平均绝对误差为 0.53 m，复相关系数为 0.9056，F 值为 19.2，均通过 0.01 显著性水平检验。

图 5.15 给出了基于洞庭湖各流域 Z 指数模拟出的城陵矶年最高水位图，从图上可以看出模拟水位值与实际值的变化趋势一致，差异小。83.3%的年份误差在 1 m 以下，其中 56.3%的年份误差在 0.5 m 以下；误差较大的年份有 1968 年、1973 年和 1963 年，误差值在 1.5 m 以上。

图 5.16 给出了基于洞庭湖各流域 Z 指数模拟城陵矶年最高水位得出的洞庭湖旱涝等级图，级差在 1 级或其以下的 42 年，占 87.5%，其中 0 级差 23 年，占 47.9%；级差 2 级的 6 年，占 12.5%，无 3 级级差。

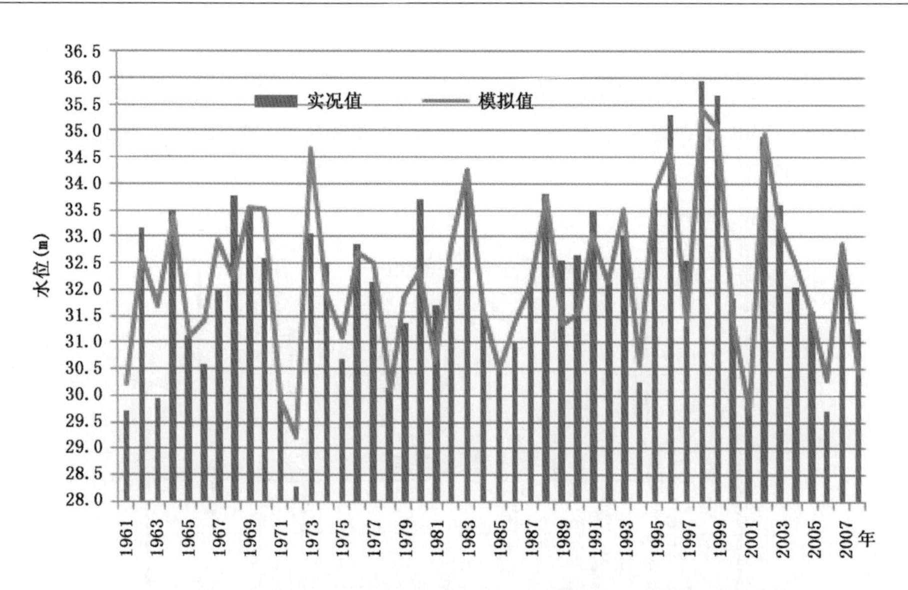

图 5.15 基于洞庭湖各流域 Z 指数模拟的城陵矶年最高水位图

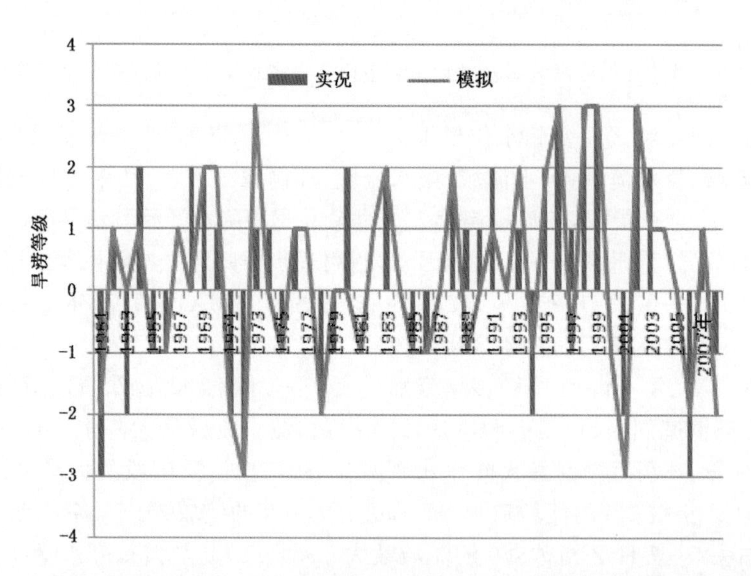

图 5.16 基于洞庭湖各流域 Z 指数模拟城陵矶年最高水位得出的洞庭湖旱涝等级图

5.5.5 近 100 年洞庭湖旱涝强度变化特征

基于已构建的环洞庭湖区近 100 年 5—7 月、5—9 月降水序列，计算相应的 Z 指数。基于 Z 指数序列，借助于已建立的城陵矶水位模型，构建出洞庭湖城陵矶近 100 年旱涝强度序列（表 5.4），见图 5.17，可以看出 20 世纪 50 年代前以轻度旱、涝年份为主，50 年代之后中度旱、涝出现频率明显增大。

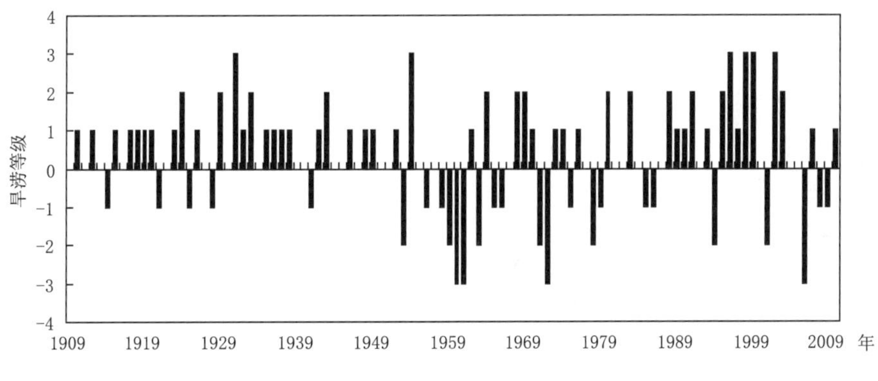

图 5.17 洞庭湖 1909—2010 年旱涝等级模拟序列

6 气候变化应对策略

6.1 加强环洞庭湖区发展综合管理

6.1.1 构建跨界管理合作机制

洞庭湖濒临湘、鄂两省、连接多市，环洞庭湖区具有自然资源的同构性、环境功能的整体性、产业结构的相似性和社会文化的同源性。需在国家战略主导下，以湘、鄂“两型社会”建设为契机，统筹洞庭湖生态治理保护与资源开发、土地利用及产业发展、基础设施建设和城镇化布局，打造大江大湖综合治理示范区、生态经济发展试验区、新兴产业发展重点试验区和跨区域经济社会协调发展示范区，形成一体化的环洞庭湖区经济，这是应对气候变化的重要举措。

建设一体化的环洞庭湖区经济必须建立统一协调的跨界管理合作机制，实行跨流域、跨行政区划的有效管理，解决环湖地区同质化竞争、无序化发展和乱开发等问题。管理机构繁多、责权利不对等是造成无序开发的根本原因，需要设立统一、有效的洞庭湖综合管理机构，全权负责环洞庭湖区的规划编制、生态保护、行政执法、产业发展、社区管理等事务；建立洞庭湖区生态环境补偿机制，做到“谁开发、谁保护，谁破坏、谁恢复，谁受益、谁补偿，谁污染、谁付费”；完善地方政府投入机制；加强国际交流拓展融资渠道；建立跨行政区的洞庭湖流域水环境保护专项资金和气候变化应对专项基金；建立跨行政区协商对话机制和信息网络平台等。

6.1.2 加强洞庭湖管理立法和执法

加快制定《洞庭湖管理条例》，修改和完善现有相关法规规章，为合理、妥善地调整洞庭湖开发利用、管理、保护过程中的社会、经济、行政、资源和环境等关系，进一步规范和加强洞庭湖的开发、利用和保护，保障环洞庭湖区的可持续发展提供法律支撑。加强洞庭湖区湿地生态与生物多样性保护、野生动植物保护、水资源保护、渔业资源保护、耕地保护等方面的行政执法，严厉打击违法犯罪行为。

6.2 创建全国现代农业引领区

6.2.1 发展低碳农业

环洞庭湖区是我国重要的商品粮基地，发展低碳农业意义重大，可以从以下几方面进行推进：一是实施农业面源污染防治工程，推广化肥、农药合理使用技术，推广施用长效缓释化肥，引导增施有机肥，减少农田氧化亚氮排放；二是开发和推广农业种植技术，选育低排放高产水稻品种，推广稻田间歇灌溉，采取少(免)耕，增加农田土壤碳贮存；三是研究推广反刍动物先进饲养技术，减少甲烷排放。

6.2.2 推进农业结构和种植制度调整

扩大复种指数。环洞庭湖区具有适宜种植双季水稻的气候生态条件，且气候变化对油菜生产有利，对棉花的最适宜种植面积有一定的影响，但适宜种植面积大。因此应充分利用有利的气候资源，通过扩大复种指数大力发展粮油棉生产，如水田实行“中熟早稻＋迟熟晚稻＋油菜”种植模式，旱地实行“棉花套油菜”种植模式。

推动农业生产集约化、多元化。洞庭湖平原地势平坦，气候类型相同，适宜通过机械化促进农业生产向规模化、集约化方向转变。同时环洞庭湖区“湖中湖”莲湖、湖中有岛，平原辽阔，气候资源丰富，自古以来是我国淡水鱼著名产地，湘莲、君山银针生产历史悠久，可通过蔬菜生产基地建设工程、特色水产品生产能力建设工程、有机生态茶园建设工程等引领环洞庭湖区农业向多元化方向发展。

6.2.3 加强农业适应气候变化能力建设

加强农田水利基础设施建设。通过灌溉排涝、农田整治、土壤改良等技术措施，及改善基本农田设施，实施提高中低产田质量和综合生产能力，增大旱涝保收、高产稳产标准化农田面积；严格基本农田管理，依法保护农田水利基础设施；建设节水改造工程和节水灌溉工程，提高节水灌溉面积比重。

防控动、植物病虫害。建立健全农业有害生物预警和动物疫病防控机制，重点加强对有害生物的入侵、植物迁徙性病虫害、动物传染性疾病、因环境变化产生的变异性病害、人畜共患病等监控和防治。加强农作物病虫害监测预警和检疫御灾及防灾减灾体系，加强综合防治，推广生物防治。

实施农用气象服务广覆盖。加强旱涝灾害、低温冷冻害、高温热害、大风冰雹等重大气象灾害预测技术研究，提高重大气象灾害预警预报水平；开发农业气候资源及农业气象灾害预测技术，适时调整农业种植结构，有效规避农业气象灾害风险；发展农用天气预报，科学指导农事生产；推进气象灾害预警传播工程、气象信息员队伍、气象为农服务网建设，有效增加气象信息覆盖面。

研发农业生产新技术。有计划地培育和选用抗旱、抗涝、抗高温、抗冻害、抗病虫害等抗逆品种，开发应用高效、低毒、低残留农药和生物农药；大力实施“种子工程”、“畜禽水产良种工程”，在适宜地区，推广改良品种。加强农业新技术示范基地建设，大力开展光合作用、生物固氮、病虫害防治、抗御逆境等方面研究，力争适应性技术研究开发有重大进展。

推行农业政策性保险。加大对粮、棉、油、渔生产的保险力度，其他的险种，如蔬菜大棚、旱地西瓜等，可以根据农民的实际需要，引导投保，以此降低农业灾害的损失和风险。

6.3 加大湿地生态系统恢复保护力度

6.3.1 加快湿地生态环境治理与恢复进程

启动“4350工程”。通过平垸行洪、退田还湖、退耕还林、移民建镇等措施，使洞庭湖水面恢复到新中国成立以前的4350 km^2，从而减轻下垫面性质改变对气候变化的影响。

强化湿地生态环境治理。推进江湖连通、河湖连通和水土保持工程；大力推进湖泊生态修复工程，建设湿地示范保护区、湿地保护区，建设湿地公园，恢复湿地植被；建设湖区珍稀候鸟保护工程、湖水生生物资源保护工程、水源涵养林建设与保护工程、水环境治理和保护工程；建设流域内水源保护地，农业面源污染控制工程，湖区城镇污水和垃圾处理工程；提高环湖地区森林覆盖率。

加强渔业管理。认真贯彻《野生动物保护法》等相关法律法规和湖南省人大常委会《关于加强洞庭湖渔业资源保护的决定》，全面落实春季禁渔和捕捞许可证制度，划定禁渔区和禁渔期；在洞庭湖全湖统一渔业执法，实行渔业准入制度，逐步清除或遏制外来渔民并取缔有害的渔具渔法，严禁排干矮围水面竭泽而渔的渔业方式；对珍稀鱼类和其他鱼类繁殖场所进行重点管理，确保其生态环境处于正常状况；加大对以捕捞为生的渔民的政策扶持力度和生活帮扶，减轻渔业投资风险。

6.3.2 加强湿地生态环境保护

切实加强规划区域和项目影响评价工作，有效规避因项目建设对生态环境产生的不利影响；扩大野生动植物生存空间、恢复水生生物洄游通道、适度控制湖水养殖、禁捕禁猎；建立种质资源库和濒危野生动物繁育中心，开展珍稀物种再引入和种群恢复工作；在河道两岸和湖泊划定缓冲区，建设水体污染的过渡地带，积极开展沿湖企业“退二进三”；加快湖区生态防护林工程建设，保护好耕地，确保耕地占补平衡和耕地总量动态平衡；制定合理的最低生态控制水位或者保证水位，加强湖泊湿地对极端旱涝事件的调控能力。加强湿地监测网建设，编制湿地监测、评估规划和标准，动态开展湿地生态系统、湿地生物多样性的监测、评估；进一步加强气候变化对湿地生态脆弱性、湿地生物多样性、湿地碳汇功能影响的研究，加强极端气候事件对湿地生态系统影响的研究。利用各种媒体和“湿地日”、“环境日”、“地球日”多角度、深层次开展相关法规和湿地科普知识宣传，提高社会公众对湿地与气候变化关系的认识，增强湿地生态保护的自觉性。以此提升湿地生态适应气候变化能力，增强湿地生态的服务功能，并使得洞庭湖湿地成为潜在碳库。

6.3.3 推进国际合作

东洞庭湖自然保护区被列为国际重要湿地，在治理洞庭湖保持“一湖清水”及国际湿地建设全过程，全方位、立体式开展国际经济和技术交流，积极借鉴国际生态经济发展的经验和模式，充分发挥洞庭湖生态经济区的自身特色，探索建立国际生态经济合作新机制。

6.4 健全综合防灾减灾体系

6.4.1 建立综合防灾减灾系统

建立环洞庭湖区气候系统综合监测网。针对气候变化对环洞庭湖区的影响，一是要整合现有气象、农业、卫生、林业、水利、水文、环保、国土资源、交通等部门观测网资源，二是要新建生态资源监测网、“铁、公、水”综合交通运输气象观测网、流行病发病率监测网、旅游气象环境监测网，增强气候变化影响的监测能力，为气候变化影响评估、预估提供基础数据。

发展气候变化影响预测技术。对与气候条件密切相关的规划和建设项目，要开展气候适宜性、风险性以及可能对局地气候产生影响的分析和评估，确保项目建设与生态环境保护相协调。建立环洞庭湖区洪涝、地质灾害、风雹灾害、大雾、雷电、干旱、低温冷冻害、高温热害、霾等主要气象灾害预测预警技术，研制血吸虫发病率及流行期、东方田鼠发生率及爆发期的预测技术，探讨生物物种预测技术，为防灾减灾提供科学依据。

强化灾害预警与应急联动。强化灾害预警信息的发布与传播，建立健全灾害应急联动机制，加强灾害应急救援队伍建设，增强防灾减灾能力，努力降低灾害损失。

6.4.2 构建防洪保安圈

着眼人水和谐共处，加大水患治理力度。进一步整治长江河道堤防，启动湘、资、沅、澧四水整治工程，加强上游控制性拦洪工程建设，确保下游重点堤垸和重要城镇安全。加快洞庭湖蓄滞洪区安全建设和堤防建设；继续加强洞庭湖堤垸薄弱堤防和病险涵闸等工程建设，使之达到抗御 1998 年型洪水标准。加快堤垸治涝工程建设，加强电力排涝设施建设和配套改造，达到 10 年一遇排涝标准。

6.4.3 加强水资源的保护

按照调枯不调洪的原则，在城陵矶出口建设水利综合枢纽工程，确保枯水期水位不低于控制水位；加强三峡及“四水”上游水库对洞庭湖枯水期补水调度。强化流域水资源统一管理，逐步建立健全总量控制与定额管理相结合的用水管理制度和排污缴费、超标预警、过量惩罚的水资源保护制度；鼓励企业实现污水资源化，逐步实行分水功能区用水的管理制度。开发人工增雨技术、精量灌溉技术、智能化农业用水管理技术及设备、生活节水技术及器具，依据科技支撑缓解水资源供需矛盾。

6.5 强化血防和除鼠工作

6.5.1 防控血吸虫病蔓延

构建血吸虫病监控体系。建立血吸虫病疫区人员健康记录动态数据库，定期对接触疫水人员进行血吸虫病普查，发现感染者及时治疗；在血吸虫病流行季节开展血吸虫病的动态监测和预警预报;加强洪涝灾害后的环境监测与治理,防止灾后环境的二次污染。

强化血吸虫病防治。开展环洞庭湖区钉螺分布动态监测,建立钉螺密度分布动态数据库,针对性地开展药物灭螺、环境改造灭螺和兴林灭螺,消除血吸虫病传播媒介;采取不同流行程度疫区分层防治的策略,对感染血吸虫病的人群和家畜进行同步治疗,并加强对晚期病人的治疗。

加强血吸虫病防御工程建设。推行以家畜圈养、以机代牛、水旱轮作等为重点的家畜传染源管理和农业灭螺,实施以河流治理、农村饮水安全、灌区改造为重点的水利血防,推进以抑螺防病林、重点防护林、湿地保护区建设为重点的林业血防,集中抓好土地整治、田间渠系涝渍改良工程等国土血防工程,使之形成不利于钉螺孳生和传播的外部环境,切断血吸虫病传播的途径。

加大健康宣传力度。强化血防知识普及教育,建立血吸虫病防控科普园,加强对血吸虫病防治的科学指导,增强群众自我保护意识。

6.5.2 降低鼠疫传播风险

强化挡鼠措施。采取设立防鼠墙等挡鼠措施,阻止东方田鼠入院、入村;没有挡鼠设施的,一旦田鼠上堤要立即修建临时挡鼠墙等挡鼠设施。

充分发挥天敌的自然控害作用。蛇、鼬、猫头鹰等是东方田鼠的天敌,要对其进行保护,并创造适应它们生存的空间环境,从而有效控制东方田鼠种群数量,逐步恢复洞庭湖区的自然生态平衡。

加强东方田鼠发生量和转移时间的预测预警工作。东方田鼠是多种疾病的传播者,季节性转移与当地气候条件密切关联,需及早开展东方田鼠发生量、转移时间的预测预警技术研究,为有针对性地灭鼠和防御提供科学决策依据。

6.6 大力发展环洞庭湖区旅游产业

6.6.1 科学制定发展规划

环洞庭湖区的旅游资源极其丰富,特色鲜明,除了久负盛名、饮誉海内外的岳阳楼、君山、屈子祠、桃花源外,还有许多旅游资源尚处于待认识、待开发中,如湿地文化资源、红色旅游文化资源、人文历史资源、水乡特色旅游资源、产业观光旅游资源等,因此,需在开展环洞庭湖区旅游资源普查的基础上,结合气候变化对环庭湖区旅游业的影响,制定出科学的环洞庭湖区旅游资源开发规划,让洞庭湖走向世界,让世界了解洞庭湖。

6.6.2 提升旅游服务内涵

发展环洞庭湖区旅游气象预报。环洞庭湖区由于特殊的地理位置,气象灾害多发、重发,危及人们生命财产安全的突发性灾害有风雹灾害、洪水灾害及雷电灾害等,危及生态安全的灾害除洪水灾害外,还有冷冻害、干旱等,还有影响水陆交通安全的多发性的大雾天气,因此,开发和提供旅游气象灾害预报预警、物候预测、旅游适宜气象指数产品,有利于提升旅游服务质量。

提升纪念品品位。开发出与“中国观鸟之都”、“鱼米之乡”等品牌相适宜的具有生态环境保护意义的纪念品，让环洞庭湖区的品牌越来越响，让人们的生态环境保护意识更强。

6.7 推动生物质能和风能太阳能资源的开发利用

发展生物质能。环洞庭湖区为典型农业区，农作物秸秆、薪柴丰富，利于建设生物质能发电厂。随着环洞庭湖区城化进程加快，应规划建设垃圾填埋沼气发电厂和垃圾焚烧发电厂。此外，在集中屠宰场、工业有机废水处理和城市污水处理厂、规模化畜禽养殖场也可建设沼气工程。

开发风能太阳能。环洞庭湖区属于湖南省太阳能资源最丰富区和风能资源丰富区，且太阳能、风能在季节上有着互补性，综合开发环洞庭湖区太阳能、风能资源，可为节能减排起到示范引领作用。

参考文献

Gao Xuejie, Luo Yong, Lin Wantao. 2003. Simulation of Effects of Land Use Change on Climate in China by a Regional Climate Model. *Advances in Atmospheric Sciences*, **20**(4), 583-592.

IPCC. *Climate change* 2007: *the physical science basis*//Solomon S, Qin D, Mannning M, *et al*. Cambridge: Cambridge University Press, 2007.

Wu T W. 2012. A mass-flux cumulus parameterization scheme for large-scale models: Description and test with observations [J]. *Climate Dyn*, **38**(3-4): 725-744.

《洞庭史鉴》编纂委员会. 2002. 洞庭史鉴. 长沙:湖南人民出版社.

陈安国,郭聪,王勇,等. 1995. 洞庭湖区东方田鼠种群特性和成灾原因研究[A]//张洁. 中国兽类生物学研究[C]. 北京:中国林业出版社,31-38.

陈烈庭,阎志新. 1979. 青藏高原冬春季异常雪盖影响初夏季风的统计分析(M1977) 1978 年青藏高原气象会议论文集[C]. 北京:科学出版社,151-161.

陈乾金,高波,李维京,等. 2000. 青藏高原冬季积雪异常和长江中下游主汛期旱涝及其大气和海洋环境场关系的研究. 气象学报,**58**(5):582-595.

邓帆,王学雷,厉恩华,等. 2012. 1993—2010 年洞庭湖湿地动态变化[J]. 湖泊科学,**24**(4):537-542.

董明辉,董成森,庄大昌. 2003. 洞庭湖区退田还湖的产业结构调整研究[J]. 农业现代化研究,(6):426-429.

董明辉,魏晓. 2008. 区域农业可持续发展度评价——以环洞庭湖区为例[J]. 经济地理,**28**(3):479-482.

杜东升,林文实,李江南. 2010. 珠江三角洲地区土地利用变化对夏季 6 月气候的影响[J]. 中山大学学报(自然科学版),**49**(1):138-144.

杜涛,熊立华,易放辉,等. 2012. 基于 MODIS 数据的洞庭湖水体面积与多站点水位相关关系研究[J]. 长江流域资源与环境,**21**(6):756-765.

段德寅,陈耀湘,张国君. 1999. 厄尔尼诺和大气环流异常与 1998 年洞庭湖区洪涝的关系[J]. 湖南农业大学学报,**25**(3):220-224.

高学杰,张冬峰,陈仲新. 2007. 中国当代土地利用对区域气候影响的数值模拟[J]. 中国科学(D 辑:地球科学),**37**(3):397-404.

郝阳,吴晓华,夏刚,等. 2006. 2005 年全国血吸虫病疫情通报[J]. 中国血吸虫病防治杂志,**18**(6):401-405.

胡武贤. 2004. 洞庭湖区经济一体化研究[J]. 湖南文理学院学报(社会科学版),**29**(1):5-7,15.

湖南省统计局. 1991-2010. 湖南农业统计年鉴[M]. 长沙:湖南年鉴社.

湖南师范大学课题组. 湖南省“十二五”环洞庭湖区域经济发展研究. 2011-8-24, www.hnfgw.gov.cn/site/QYGH1/22215.html.

黄华南,陈越华,苏利荣,等. 2008. 洞庭湖区东方田鼠大暴发原因及治理对策[J]. 湖南农业科学,(4):117-118,121.

黄晚华,刘晓波,邓伟. 2009. 湖南农业气象要素变化及对主要农作物的影响[J]. 湖南农业科学,(1):61-64.

姜加虎,黄群. 2004. 洞庭湖区生态环境退化状况及原因分析[J]. 生态环境,**13**(2):277-280.

来红州,莫多闻. 2004. 构造沉降和泥沙淤积对洞庭湖区防洪的影响[J]. 地理学报,**59**(4):574-580.

李红炳,徐德平. 2008. 洞庭湖“四大家鱼”资源变化特征及原因分析[J]. 内陆水产,**33**(6):34-36.

李建平,曾庆存. 2005. 一个新的季风指数及其年际变化和与雨量的关系[J]. 气候与环境研究,**10**(3):351-365.

李景保,常疆,吕殿青,等. 2009. 三峡水库调度运行初期荆江与洞庭湖区的水文效应[J]. 地理学报,**64**(11):

1342-1352.
李景保,代勇,欧朝敏,等.2011.长江三峡水库蓄水运用对洞庭湖水沙特性的影响[J].水土保持学报,**25**(3):215-219.
李景保,张磊,王建,等.2012.水沙过程变化下洞庭湖区的生态效应分析[J].热带地理,**32**(1):16-21,31.
李景刚,李纪人,黄诗峰,等.2010. 近10年来洞庭湖区水面面积变化遥感监测分析[J].中国水利水电科学研究院学报,**8**(3):201-207.
李倩,刘辉志,胡非,等.2003. 城市下垫面空气动力学参数的确定. 气候与环境研究,**8**(4):443-450.
李维京.1999. 1998年大气环流异常及其对中国气候异常的影响.气象,**25**(4):20-25
李正最,谢悦波,徐冬梅.2011.洞庭湖水沙变化分析及影响初探[J].水文,**31**(1):40,45-53.
廉丽姝,束炯.2007.区域气候模式对我国中、东部夏季气候的数值模拟[J].热带气象学报,**23**(2):163-170.
廖玉芳,宋忠华,赵福华,等.2010.气候变化对湖南主要农作物种植结构的影响[J].中国农学通报,**26**(24):276-286.
刘波,姜彤,任国玉,等.2008.2050年前长江流域地表水资源变化趋势[J].气候变化研究进展,**4**(3):145-150.
刘洪利,李维亮,周秀骥,等.2005. 长江三角洲地区区域气候模式的发展和检验[J]. 应用气象学报,**16**(1):24-34.
刘卡波,丛振涛,栾震宇.2011.长江向洞庭湖分水演变规律研究[J].水力发电学报,**30**(5):16-19.
刘可群,梁益同,黄靖,等.2009.基于卫星遥感的洞庭湖水体面积变化及影响因子分析[J].中国农业气象,**30**(增2):281-284.
刘胜英,王燕,李韶山,等.2012.洞庭湖区东方田鼠种群数量变化的系统动力学研究[J].华南师范大学学报(自然科学版),**44**(1),113-117.
刘松林,张纪祥,曹锋,等.2011.西洞庭湖水鸟监测与保护管理[J].湿地科学与管理,**7**(2):44-47.
刘苏;张重禄;孙国庆,等.2006.洞庭湖区域公路建设中湿地生态环境评价的若干问题[J].铁道科学与工程学报,**3**(2):85-90.
刘炜,沈彦,黄明娟.2006.循环经济与环洞庭湖经济圈可持续发展战略[J].国土与自然资源研究,(3):23-24.
刘晓东,江志红,罗树如,等.2005.RegCM3模式对中国东部夏季降水的模拟实验[J].南京气象学院学报,**28**(3):351-359.
刘小宁, 孙安健.1995. 年降水量序列非均一性检验方法探讨[J]. 气象, **8**: 3-6.
柳思维.洞庭湖生态经济区的新思考.湖南扶贫开发网,2012-4-3,www.hnfpkf.com/html/fplt/1372.html.
柳思维.2011.加快发展环洞庭湖区域旅游产业带的思考[J].武陵学刊,**36**(3):26-29,40.
罗伯良.1998.ENSO与湖南季降水[J].湖南气象,(1):54-56.
马巍,廖文根,匡尚富,等.2009a. 洞庭湖钉螺扩散与疫区水情变化的定量关系研究[J].中国水利水电科学研究院学报,**7**(1):15-20.
马巍,廖文根,匡尚富,等.2009b.洞庭湖钉螺扩散与水情变化规律[J].长江流域资源与环境, **18**(3):264-269.
毛德化,夏军.2002.洞庭湖湿地生态环境问题及形成机制分析[J].冰川冻土,**24**(4):444-451.
欧阳涛,蒋勇.2007.洞庭湖区域经济发展模式的选择[J].湖南农业大学学报(社会科学版),**8**(6):61-63,75.
彭莉莉,罗伯良,张超.2011.洞庭湖区域夏季降水与全球大洋海温异常关系的SVD分析[J].安徽农业科学,**39**(3):1562-1565.
彭佩钦,仇少君.2005.洞庭湖区农业环境与湖垸农业可持续发展模式[J].长江流域资源与环境,(3).
石军南,徐永新,刘清华.2010.洞庭湖湿地保护区景观格局变化及原因分析[J].中南林业科技大学学报,**30**(6):18-26.
宋超辉, 刘小宁, 李集明.1995. 气温序列非均一性检验方法的研究[J]. 应用气象学报, **6**(3): 289-296.
覃红燕,谢永宏,邹冬生.2012.湖南四水入洞庭湖水沙演变及成因分析[J].地理科学,**32**(5):609-615.
汤剑平,苏炳凯,赵鸣,等.2004. 东亚区域气候变化的长期数值模拟试验[J]. 气象学报,**62**(4):752-763.

王克林，章春华，易爱军. 1998. 洞庭湖洪涝灾害形成机理与生态减灾和流域管理对策[J]. 应用生态学报，**6**(9)：561-568.

王克林. 1999. 洞庭湖区湿地生态功能退化与避洪、耐涝高效农业建设[J]. 长江流域资源与环境，(2)：182-190.

王克项. 1998. 洞庭湖治理与开发[M]. 长沙：湖南人民出版社.

王绍武，伍荣生，杨修群，等. 2005. 中国的气候变化[M]//秦大河，丁一汇，苏纪兰主编. 中国气候与环境演变(第二卷). 北京：科学出版社，81-83.

王苏民，窦鸿身. 1998. 中国湖泊志[M]. 北京：科学出版社.

韦志刚，黄荣辉，陈文，等. 2002. 青藏高原地面站积雪的空间分布和年代际变化特征[J]. 大气科学，**26**(4)：496-508.

魏凤英. 2007. 现代气候统计诊断与预测技术(第 2 版)[M]. 北京：气象出版社.

武正军，陈安国，李波，等. 1996. 洞庭湖区东方田鼠繁殖特性研究[J]. 兽类学报，**16**(2)：142-150.

谢永宏，李峰，陈心胜，等. 2012. 荆江三口入洞庭湖水沙演变及成因分析[J]. 农业现代化研究，**33**(2)：203-206.

辛晓歌，吴统文，张洁. 2012. BCC 气候系统模式开展的 CMIP5 试验介绍[J]. 气候变化研究进展，**8**(5)：378-382.

熊建新，聂钠. 2007. 东洞庭湖湿地野生鸟类资源调查研究[J]. 国土与自然资源研究，(2)：79-80.

徐国昌，李珊，洪波，等. 1994. 青藏高原雪盖对我国环流和降水的影响[J]. 应用气象学报，**5**(1)：62-67.

杨芳，邝奕轩. 2012. 环洞庭湖区循环经济发展模式研究[J]. 湖南农业科学，(10)：136-138.

叶仁南，曾长荣，胡娟. 2006. 洞庭湖区东方田鼠的发生与防治措施探讨[J]. 作物研究，(2)：151-153.

余果，何林福. 2011. 1999 年以来洞庭湖城陵矶水沙变化及成因分析[J]. 湖南水利水电，(05)：34-36，39.

余曼平. 1998. ENSO 事件与湖南汛期降水和旱涝的关系[J]. 湖南气象，(1)：57-58.

曾永年，张少佳，张鸿辉，等. 2010. 城市群热岛时空特征与地表生物物理参数的关系研究[J]. 遥感技术与应用，**25**(1)：1-7.

张冬峰，高学杰，赵宗慈，等. 2005. RegCM3 区域气候模式对中国气候的模拟[J]. 气候变化研究进展，**3**(1)：119-121.

张季，翟红娟. 2011. 洞庭湖湖区水资源保护规划[J]. 人民长江，**42**(2)：56-58.

张建云，王国庆. 2009. 气候变化与中国水资源可持续利用[J] 水利水运工程学报，(4)：17-21.

张井勇，董文杰，符淙斌. 2005. 中国北方和蒙古南部植被退化对区域气候的影响[J]. 科学通报，**50**(1)：53-58.

张美文，李波，王勇. 2007. 洞庭湖区东方田鼠 2007 年暴发成灾的原因剖析[J]. 农业现代化研究，**28**(5)：601-605.

张美文，王勇，李波，等. 2012. 三峡工程和退田还湖对洞庭湖区东方田鼠种群的潜在影响[J]. 应用生态学报，**23**(8)：2100-2106.

赵运林，肖正军，戴梅斌，等. 2007. 洞庭湖区湿地资源及生态系统现状的研究[J]. 湖南城市学院学报(自然科学版)，**16**(4)：1-5.

郑益群，钱永甫，苗曼倩. 2002. 植被变化对中国区域气候的影响 I：初步模拟结果[J]. 气象学报，**60**(1)：1-16.

郑益群，钱永甫，苗曼倩. 2002. 植被变化对中国区域气候的影响 II：机理分析[J]. 气象学报，**60**(1)：17-29.

郑祚芳，王迎春，刘伟东. 2006. 地形及城市下垫面对北京夏季高温影响的数值研究[J]. 热带气象学报，**22**(6)：672-676.

钟爱华，严华生，李跃清，等. 2010. 青藏高原积雪异常与大气环流异常间关系分析[J]. 应用气象学报，**21**(1)：37-46.

钟福生，王焰新，邓学建，等. 2007. 洞庭湖湿地珍稀濒危鸟类群落组成及多样性[J]. 生态环境，**16**(5)：

1485-1491.

周国华，唐承丽，朱翔，等.2002. 三峡工程运行后对洞庭湖区土地利用的影响及对策研究[J].水土保持学报，**16**(4):74-77.

庄大昌,董明辉.2004.洞庭湖湿地资源退化对区域经济可持续发展的影响[J].湖南文理学院学报(社会科学版),**29**(1):5-7,15.

庄大昌.2000.洞庭湖区湿地生物资源特征及生态系统评价[J].热带地理,**20**(4):261-264.

邹邵林,郭聪,刘新平.2002.环境演变及三峡工程对洞庭湖区东方田鼠种群影响的评估[J].应用生态学报,**13**(5):585-588.